普通高等教育“十三五”规划教材

# 矿井降温与空气调节

主编　赵　丹

煤炭工业出版社

·北　京·

# 内 容 提 要

本书系统地介绍了矿井空气和矿山地热的基础知识、矿井热源及其放热量的计算方法、矿井热交换的基本原理以及井巷热交换的计算过程，并对矿井降温技术措施（非人工制冷降温、人工制冷降温）和矿井空调系统计算进行了详细介绍。

本书是高等院校安全工程专业的教材，也可供科研、设计人员以及从事矿井降温的工程技术人员阅读和参考。

# 前　　言

随着煤炭开采强度的增加，浅部资源日益减少，开采深部资源已成为人类的必然选择。随着矿井开采深度的增加，地温不断升高，矿井高温问题日益成为制约深部矿床有效开采的重要因素。由于矿井热环境条件的改变使工作条件恶化，不仅影响井下作业人员的工作效率，影响矿山的经济效益，而且严重地影响井下作业人员的身体健康和生命安全。矿井开拓及生产系统的布局、采矿工艺、矿井火灾的预测与控制、矿井的正常通风与灾变通风等都与井下的热环境有关，因此研究矿井热环境的基本特征以及风流通过井巷与其进行热质交换的基本规律对于控制井下热环境，实现矿井降温具有非常重要的意义。目前，矿井通风降温方面的专著较多，但适用于高等院校安全工程专业的教材非常少，笔者担任矿井降温与空气调节这门课的教学任务，为此编写了本教材，以满足教学之需。

矿井降温与空气调节是安全工程专业的核心课程之一，其内容涉及采矿工程、通风安全、气象、地质地热、环境工程、劳动卫生、制冷、空气调节等多学科领域。本书认真地研究了安全工程专业矿井降温与空气调节的教学大纲，结合目前国内外矿井降温技术的状况和发展方向，全面地阐述了矿井降温的基本理论知识和矿井热交换计算方法，使学生了解国内外矿井降温的新技术与新装备，并能结合工程实例对新建、改扩建矿井进行矿井风温预测及制冷空调系统热计算，形成了完整的矿井降温体系。各章后还附有思考题，以便学生复习和巩固知识点。

本书的出版得到了中国煤炭科工集团沈阳研究院杨德源研究员的指导，以及王长彬和王伟的支持和帮助，感谢辽宁工程技术大学安全科学与工程学院的刘剑教授、周西华教授、贾进章教授对书稿提出的宝贵意见，感谢国家自然基金《基于风速测量的矿井通风系统故障源诊断技术研究》(51204088)团队和刘伟的支持及学生陈帅、李斌、毕建乙、王东、王大伟、李薇、孙红丽、康云龙、亢巍等对书稿文字部分的校对工作。值得说明的是，书中引用了不少其他作者的图标和数据，仅在参考文献列出，没有一一标注，就此深表歉意。

由于编者经验不足和水平有限，书中难免存在疏漏和不足之处，恳请广大专家和读者批评、指正。

编　者

2017 年 8 月

# 目　　次

# 第一章　矿山地热基础

矿山地热与气象环境是人类进行采矿工程活动最基本的自然环境，是制约采矿业发展及采矿技术应用的基本因素。随着国民经济的发展对矿物资源需求的逐年增长，矿床开采深度将不断增加，因此，矿山地热对采矿技术及采矿工艺有着极为重要的影响。在设计采矿工程系统时，必须具有完整的、系统的岩石热物理参数资料，以及深部岩体的温度资料。没有这些资料，就不可能最经济、最有效地选择最佳的采矿工程系统。矿山地热环境与采矿工程活动有着密切的关系，是制约采矿工程活动的基本环境因素。矿山始终是地热学研究的重要阵地，世界各地的许多深部矿井都进行过或正在进行地热研究工作。由于矿井热力计算和矿井降温都要求进行详细的地温测量和地热研究工作，从而需要我们对井田地温场的特点与各种致热因素的内在联系有清晰的了解。

## 第一节　地热的来源

### 一、地球的结构

人类在地球上的活动范围仅局限于地球的最外层，即大气圈、岩石圈和水圈的表层。地球的平均半径为 6371 km，然而，最深的矿井不足 5 km，最深的钻孔也不过十几千米。近几十年来，随着地球物理勘探技术的发展，特别是地震学的出现和应用，人们根据大量地震资料的分析和研究，才逐渐认识到地球内部的结构。

地球是一个分层结构的球体，由外向里依次为地壳、地幔和地核，如图 1－1 所示。

（1）地壳。地壳可分为大陆型和大洋型两大类。大陆型地壳由沉积岩层、花岗岩层和玄武质层组成，平均厚度为 35～40 km，平均密度为 2700～3000 kg/m$^3$。地表有 70% 的面积被水覆盖，其余为陆地。大陆地壳沉积物之下是花岗岩组成的基底，深度再增加是玄武岩。从大陆地表到 35 km 深处有一个分界面，此面称为莫洛霍维奇间断面，简称“莫霍面”，如图 1－2 所示，莫霍面就是地壳的下界。

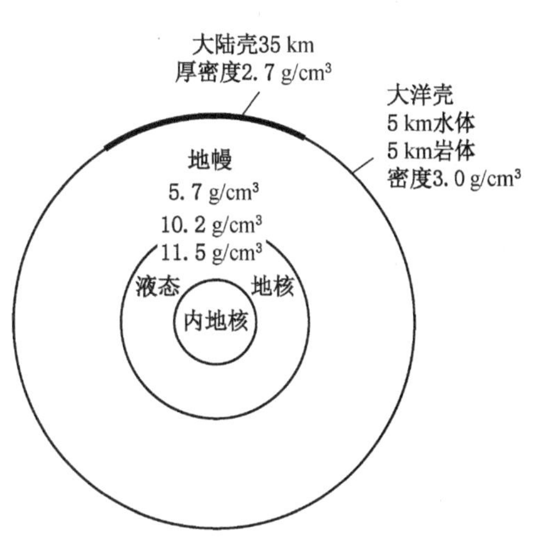


图 1－1　地球结构示意图

我国大陆地壳厚度变化很大，有两条明显的变化带：一条沿太行山麓，另一条在东经 104°，南北构造地带。太行山以东地壳厚

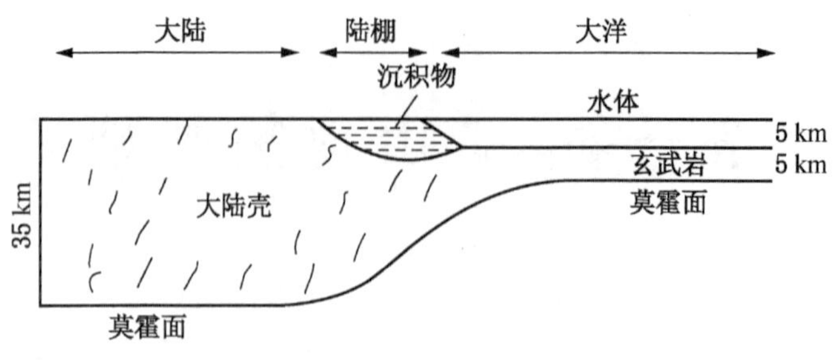


图 1－2　地壳概略剖面

度为 30 ~ 40 km，太行山以西至南北构造带为 40 ~ 50 km，南北构造带以西厚度继续增加，至青藏高原地壳厚度可达 70 km。

（2）地幔。地壳之下为地幔，厚度大约为 2900 km，平均密度为 5700 $kg/m^3$。地幔的物质不能直接观察到，主要靠地震波速度变化来推断。

上地幔低速层与火山岩浆活动、地表温度场分布，以及地震活动均有密切的关系。大量观测资料表明，原生玄武岩浆源于上地幔的局部熔融，岩浆层位于 100 ~ 350 km 深处，与低速层位置相一致。与火山活动有关的地震大部分发生在 60 ~ 200 km 的区间，显示出与低速层有某种内在联系。构造活动地区的地表，热流高值与低速层位置较浅有直接关系。

（3）地核。地幔以下为地核。地核分为内核和外核，外核厚度为 2100 km，平均密度为 10200 $kg/m^3$，内核厚度为 1336 km，密度为 11500 $kg/m^3$。

地震资料表明，外核为液态，内核为固态。据许多数学家推算，地核是由以铁为主的铁镍合金组成。

## 二、地热热源类型

地热源源不断的以热传导的方式在地球表面散发的热量有 $1.026 \times 10^{21}$ J/a，再加上其他的方式释放的能量，地球每年实际散发的热量比上述数值还要大。如此巨大的热量释放是靠什么来维持的呢？热源又是什么呢？

为了查清地热的来源，人们在世界各地进行了大量的地热观测和研究工作。观测和研究表明，就时间范围来说，有两类热源：持续时间相当长的稳态热源和寿命较短的瞬间热源。

1. 稳态热源（放射性成因热）

地表热流量里有 20% ~80% 来自于地壳内放射性元素衰变所释放的热量，是地球内热的主要来源。

放射性元素虽然很多，但只有具备以下 3 个条件才能成为地球内热的主要来源：

（1）具有足够的丰度。

（2）放射性生热量大。

（3）半衰期与地球的年龄相当。

目前已具备上述 3 个条件的放射性元素有：铀（U）、钍（Th）和钾（K），其半衰期、衰变常数及生热率见表 1－1。

表 1－1 U、Th、K 的半衰期、衰变常数和生热率

| 元素 | 半衰期/Ma | 衰变常数/a | 存在比[①]/% | 衰变能/($10^{-13}$·原子$^{-1}$) | 生热率 | |
|---|---|---|---|---|---|---|
| | | | | | J/(g·a) | J/(g·s) |
| $^{238}U$ | 4500 | $1.54\times10^{-10}$ | 99.27 | 75.9 | 2.97 | $9.42\times10^{-8}$ |
| $^{235}U$ | 710 | $9.72\times10^{-10}$ | 0.72 | 72.4 | 0.125 | $51.93\times10^{-8}$ |
| $^{232}Th$ | 13900 | $4.99\times10^{-11}$ | 100 | 63.7 | 0.84 | $2.64\times10^{-8}$ |
| $^{40}K$ | 1300 | $\lambda_e=5.85\times10^{-11}$ $\lambda_\beta=4.72\times10^{-10}$ | 0.012 | 1.14 | 0.92 | $2.93\times10^{-8}$ |
| 普通 K | — | — | — | — | $11.3\times10^{-5}$ | $3.60\times10^{-12}$ |
| 普通 U | — | — | — | — | 3.05 | $9.63\times10^{-8}$ |

注：① 存在比。在元素中所占的比例。

放射性衰变将质量转换成辐射能，辐射能又转变成热能。所有天然放射性同位素都能在某种程度上产生热量。但可以证明，只有$^{238}U$、$^{235}U$ 和$^{232}Th$ 衰变系列以及同位素$^{40}K$ 的衰变热才起重要作用。天然放射性元素热产率常数：铀为 $9525\times10^{-5}$ W/kg，钍为 $2.561\times10^{-5}$ W/kg，钾为 $3.477\times10^{-9}$ W/kg。由于目前对地球内热起作用的放射性元素仅有 U、Th 和$^{40}K$，因而放射性元素总的产热量 $Q_R$ 的计算式为

$$Q_R=C_{238_U}q_{238_U}+C_{235_U}q_{235_U}+C_{232_{Th}}q_{238_{Th}}+C_{40_K}q_{40_K} \quad (1-1)$$

式中 $C_i$——物质中放射性元素的含量，g，$i$ 代表放射性元素，如$^{238}U$、$^{235}U$ 等；

$q_i$——放射性元素的产热量，J/(g·s)。

由式（1－1）可以看出，各种岩石热产率的大小均受到 U、Th、K 含量的控制，而不同放射性元素的含量又有很大的不同。

放射性元素 U、Th、K 在地球分异演化过程中集中于地壳及以上地幔的顶部，以大陆地壳上部的酸性岩浆岩如花岗岩中最为富集。而在基性岩、超基性岩中，如玄武岩、橄榄岩、榴辉岩含量甚低，两者的生热率可相差数百倍。有人做过概略统计，酸性岩浆岩的生热量约占总生热量的 70%，基性岩约占 20%，超基性岩约占 10%。地球内部不同深度的热源估量见表 1－2 和表 1－3。

表 1－2 地球内部不同深度的热源估计量

| 深度/km | 0～100 | 100～200 | 200～300 | 300～400 | >400 |
|---|---|---|---|---|---|
| 百分数/% | 50 | 25 | 15 | 8 | 2 |

生热率 $A(H)$ 随着深度 $H$ 的增加而成指数规律减小：

$$A(H)=A(0)\exp(-H/H_l) \quad (1-2)$$

式中 $A(0)$——地表的产热率；

$H_l$——对数减缩量，m；

$H$——任一深度，m；在 $H = H_l$ 时，$A(H) = A(0)/e$。

表 1－3　各类岩石放射性元素的含量及生热率

| 岩类 | | 放射性元素平均含量（$10^{-4}$%） | | | K/U | 平均总生热量 | | 密度/($kg \cdot m^{-3}$) |
|---|---|---|---|---|---|---|---|---|
| | | U | Th | K | | $10^{-8}$ J/(g·a) | $10^{-14}$ J/(g·s) | |
| 沉积岩 | | 3.00 | 5.0 | 20000 | $6.7\times10^4$ | 1561 | 49.4 | 2300 |
| 花岗岩 | | 4.75 | 18.5 | 37900 | $8.0\times10^3$ | 3419 | 108.0 | 2700 |
| 花岗闪长岩 | | 2.00 | | 18000 | $9.0\times10^3$ | 1421 | 45.2 | 2750 |
| 玄武岩 | | 0.60 | 2.7 | 8400 | $1.4\times10^4$ | 504 | 15.9 | 3000 |
| 榴辉岩 | 低 U | 0.048 | 0.18 | 360 | $7.5\times10^3$ | 34 | 1.09 | 3200 |
| | 高 U | 0.250 | 0.45 | 2600 | $1.0\times10^4$ | 143 | 4.56 | 3200 |
| 橄榄岩 | | 0.015 | 0.05 | 63 | $4.2\times10^3$ | 9.4 | 0.3 | 3200 |
| 纯橄榄岩 | | 0.008 | 0.023 | 8 | $1.0\times10^3$ | 4.5 | 0.14 | 3300 |
| 球类陨石 | | 0.012 | 0.04 | 845 | $7.0\times10^4$ | 16.5 | 0.52 | 3600 |

2. 瞬间热源

如果地壳上部几公里深处存在破碎带，且该地带足以使流体循环，形成并能维持水热对流系统，则在该区域内将出现高热流值。这种地热系统的寿命比较短（1000～100000 a）。持续时间比较长的水热系统只可能由浅层侵入体一类的局部地壳内热源来支撑。例如，某些位于近代火山活动区域内的高温矿区和地热田，往往伴有高温热水涌出或出现热泉。这种热源与地球的年龄相比，可以视为瞬间，但对于开发期较短的矿区来说将成为一种主要热源。

3. 其他热源

地球除上述热源之外，还有形成地球重力能、重力势能、压缩地球的弹性能、重力分异能、地球旋转能等。潮汐摩擦引起的地球旋转减慢而产生的热量相当于放射性热的10%～30%，大部分分布在海洋之中。地质构造作用、变质作用和岩浆作用都将释放出能量。

## 三、地热的传输

地球的内热几乎全部是以传导方式向地表传输的，除了受近代火山影响或者有循环于深部大断裂之中的热水系统地区之外，热对流和热辐射对上部地壳温度的影响与太阳的辐射热相比很小，因为地壳是固体，温度低得足以阻止辐射传热。

另外，地球的内部热能在向地表传输过程中，被储存或阻隔在接近地表的地带，但深度仍超出目前的钻探深度。由于地表存在的自由水有时可能循环到接近岩浆上升的深度上，水作为载热体才将部分热能传输到接近地表的浅部。

1. 地温梯度

由于地球内部强大热源作用的结果，从地心向地表存在着温度差，沿地表的法线方向上形成无数个等温面，必然引起热量的迁移。将沿等温面法线方向上单位距离的温度增量作为地温梯度，即地温随着深度增加的比率称为地温梯度 $G(Z)$：

$$G(Z)=\frac{\Delta t}{\Delta Z} \tag{1-3}$$

式中 $G(Z)$——地温梯度,℃/m 或℃/100 m；

$\Delta t$——温度增量,℃；

$\Delta Z$——深度增量，m。

在工程上，为了便于评价地热状况，根据地温梯度值将地热状况分为三大类和三个区域：

（1）低温类，负地热异常区：$G(Z)<1.6$ ℃/100 m；

（2）中常温类，正常地热区：$G(Z)=1.6\sim3.0$ ℃/100 m；

（3）高温类，正地热异常区：$G(Z)>3.0$ ℃/100 m。

采用上述指标，是基于如下考虑：通常地热正常区域，热流密度在 40 ~ 60 mW/$m^2$ 之间，而一般岩石热导率在 2.0 ~ 2.5 W/(m · K) 之间，在没有明显的附加致热因素影响之下，地温场中对应的地温梯度值应为 1.6 ~ 3.0 ℃/100 m。故权且以 1.6 ℃/100 m 和 3.0 ℃/100 m 作为地温梯度中常区的下限和上限，低于 1.6 ℃/100 m 的为低温类，高于 3.0 ℃/100 m 为高温类。但是单独采用地温梯度值评价地热状况是不够严格的，因为在相同的热流值的背景下，地温梯度受岩石热导率的控制，二者互为消长。这里之所以采用地温梯度，而未采用区域热流值作为指标，是考虑到在矿山勘探的现场测量中，直接获得的是大量的钻孔温度和地温梯度资料，而不是热流值，因此，采用地温梯度作为评价指标有其实用性和普遍性。

地温梯度虽然明显的受地层岩性的影响，但其基本控制因素仍是深部热源，所以它不仅能较好地反映地层剖面上的温度变化情况，而且也具有区域性特征。例如，在地壳活动地区，地温梯度较大可达 10 ~ 100 ℃/100 m，甚至更高，在构造稳定地区地温梯度一般接近正常值，部分矿区的地温梯度见表 1 - 4。

表 1 - 4 部分矿区地温梯度

| 矿区名称 | | 地温梯度/(℃ · 100 $m^{-1}$) |
|---|---|---|
| 国内 | 平顶山矿 | 3.2 ~ 3.5 |
| | 合山里兰矿 | 2.5 ~ 3.0 |
| | 北票台吉矿 | 2.74 |
| | 淮南九龙岗矿 | 1.83 |
| | 丰沛三河尖矿 | 2.69 |
| | 资兴周元山矿 | 2.41 |
| | 水口山康家湾铅锌金矿 | 1.93 ~ 2.61 |
| 国外 | 加拿大基尔坎特湖金矿 | 1.3 |
| | 姆口提金矿 | 0.7 |
| | 美国马格马铜矿 | 1.66 ~ 2.76 |

表 1-4（续）

| 矿区名称 | | 地温梯度/(℃·100 m$^{-1}$) |
|---|---|---|
| 国外 | 南非维特瓦特斯兰德金矿 | 0.7 ~ 1.3 |
| | 西部金矿 | 0.86 |
| | 巴西莫罗煤矿 | 1.5 ~ 2.17 |
| | 赞比亚路安莎亚铜矿 | 1.8 ~ 2.3 |
| | 印度科拉金矿 | 1.56 |
| | 澳大利亚阿哥纽镍矿 | 1.3 |
| | 英国兰开夏煤矿 | 2.94 |
| | 德国鲁尔煤矿 | 3.57 |
| | 法国亚尔萨斯钾盐矿 | 3.7 |
| | 苏联顿涅茨矿 | 3.51 |
| | 日本赤平煤矿 | 3 |
| | 丰羽铅锌矿 | 4.38 |

不同矿区的地温梯度变化很大，见表 1-4，同一矿区，甚至同一矿井的不同地段的地温梯度也不完全相同。例如，平顶山矿区的西部地温梯度是 2.2 ~ 2.9 ℃/100 m，东部为 3.2 ~ 4.4 ℃/100 m，其中的八矿西翼为 3.1 ~ 3.5 ℃/100 m，东翼为 3.5 ~ 4.6 ℃/100 m。

2. 大地热流密度

大地热流密度和地温梯度一样，是表征一个地区地热状况的重要参数，作为判别地温正常与否的尺度。大地热流密度是指地球的内热以热传导方式传输到地表，而后散发到太空中去的热量，在数值上它等于岩石热导率与垂直方向的地热梯度的乘积：

$$q = -\lambda G(Z) \tag{1-4}$$

式中 $q$——大地热流密度，W/m$^2$；

$\lambda$——岩石热导率，W/(m·K)。

负号“-”表示热量由高温向低温方向流动。

大地热流密度易受地质构造、地形、地下流水（水、油和气）的运动和近代火山活动等多种因素的影响，因此不能在地表直接利用仪器测量，可以通过求算钻孔一段的地温梯度和测量该段岩层岩石的导热系数进行计算得到。

大地热流密度测试工作始于 20 世纪 30 年代末，直到 1955 年，全部数据尚不足 100 个，截至 1981 年底，全球数据达 10058 个，这些数据在全球面积上平均每 50000 km$^2$ 上才有 1 个测点。

我国大地热流测试工作始于 20 世纪 50 年代末，在 60 年代初仅取得 3 个热流数据，到 1987 年中国科学院地质研究所将我国大陆地区 167 个热流数据汇编成册。

1970 年，用等面积格子质量加权平均法对全球 3127 个热流数据所做的统计分析表明，海、陆及全球平均热流值非常接近，几乎相等：

全球平均值：$q = 61.5 \pm 31$ mW/m$^2$；

大陆平均值：$q=61.1\pm19.3\ mW/m^2$；
海洋平均值：$q=61.5\pm32.7\ mW/m^2$。

## 第二节　地壳的热状况

### 一、温度带

由于每年从地球内部散发到太空中的热量是 $1.026\times10^{21}$ J，而地球表面每年接受太阳辐射的热量约为 $2.345\times10^{24}$ J，可见地面及地壳最表面的温度状况实际上是由太阳辐射决定的。由于太阳辐射能力具有周期性的变化，故地壳的最上层产生了温度的日变化、年变化，以至世纪性的长周期变化。

随着深度的增加，太阳辐射能对地温的影响幅度越来越小，可用如下函数表示：

$$\Delta t_H=\Delta t_0 e^{-L_W H} \tag{1-5}$$

式中　$\Delta t_H$——在深度 $H$(m)处温度的变幅,℃；

$\Delta t_0$——地表大气的年温度的变幅,℃：

$$\Delta t_0=(1/2)(t_{max}-t_{min})$$

$L_W$——温度衰减系数，对某一矿区为常数：

$$L_W=\sqrt{\frac{\pi}{aT_z}}$$

$a$——岩石的导温系数，$m^2/s$；

$T_z$——温度变化周期，日（$24\times3600$）或年（$365\times24\times3600$）；

$t_{max}$，$t_{min}$——最热月和最冷月平均温度,℃。

在式（1－5）中，$\Delta t_H=0$ 时，此深度为恒温带深度。因为内热和外热对地壳浅层的影响深度和范围不同，所以，从地表到地下某一深度的地带存在着明显的分带性，依次为变温带、恒温带和增温带，如图 1－3 所示。

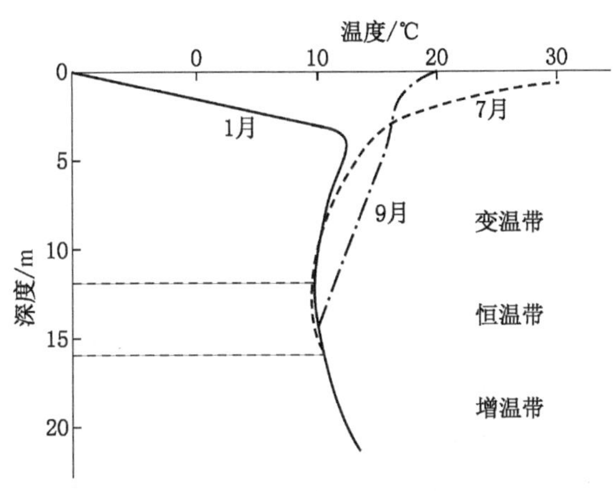


图 1－3　浅层地温分带示意图

1. 变温带

从地表到恒温带以上为变温带，该地带的温度受到太阳辐射能影响较大，不同深度的温度随着太阳辐射能的季节性变化而变化，夏季温度高，冬季温度低，其温度的变幅随着深度的增加而减小，到恒温带减小到0。对于地面平坦，岩性均一，各向同性的岩层，可以认为任何时间的温度只是随着深度变化，因此，在垂直轴上的热传导微分方程为

$$\frac{\partial t}{\partial \tau}=a\,\frac{\partial^2 t}{\partial H^2} \tag{1-6}$$

式中 $t$——温度，℃；

$\tau$——时间，h；

$a$——岩石或土壤的导温系数，$m^2/h$；

$H$——深度，m。

地表的温度在时间为 $\tau$ 时的变化特征为

$$t_{(0,\tau)}=t_0-\Delta t_0\cos[(2\pi\tau/T_{BH}-(\pi/6)] \tag{1-7}$$

式中 $t_0$——周期内地表年平均温度；

$\Delta t_0$——地表温度变化幅度，$\Delta t_0=(1/2)(t_{\max}-t_{\min})$；

$T_{BH}$——变化周期（$a$ 或 $d$），h。

解微分方程（1-7），得出地壳最上层任一深度的温度为

$$t(H,\tau)=t_0+\frac{qH}{\lambda}+\Delta t_0 e^{-\sqrt{\frac{\pi}{aT}}H}\sin\left(\frac{2\pi}{T_{BH}}\tau-\sqrt{\frac{\pi}{aT_{BH}}}H\right) \tag{1-8}$$

式中 $q$——大地热流密度，$W/m^2$；

$\lambda$——岩石热导率，W/(m·K)；

$H$——任一深度，m；

$a$——岩石导温系数，$m^2/h$。

设 $H_a$ 为年影响深度，$H_d$ 为日影响深度，其两者的关系为

$$H_a=19.1H_d \tag{1-9}$$

式中 $H_a$——年影响深度，m；

$H_d$——日影响深度，m。

例如，对于一般岩石，导温系数 $a=1\times10^{-6}\ m^2/s$，热导率 $\lambda=2.1$ W/(m·K)，则有在 $H=\sqrt{a\pi T_{BH}}$ 深度上温度变幅 $\Delta t_H$ 和 $\Delta t_0$ 之比等于 $e^{-\pi}=1/23$，即 $\Delta t_H/\Delta t_0=1/23$，故 $\Delta t_H=\Delta t_0/23$，$H=\sqrt{a\pi T_{BH}}=10$ m（$T=365\times24\times3600$ s）。

在高温污水排放区，由于部分污水渗入地下，土壤或岩石被加热增温，使变温带的深度加大。例如，平顶山六矿工业广场下的变温带深度达60 m。

2. 恒温带

变温带以下至增温带以上为恒温带。该地带是外热（太阳辐射能）和内热影响相对平衡区，一般为3~5 m厚。该处温度基本上不受大气温度季节性变化的影响，常年保持在一定的数值上，波动范围很小。

影响恒温带深度和温度的因素很多，主要是地理位置，气候条件，太阳辐射强度，地形起伏状况，地下水活动，植被状况，工程活动和岩土的热物理性质等。一般情况下，低纬度地区的太阳照射强度大，前平均气温高，恒温带的深度比高纬度地区的大些。因为大

气、土壤和岩石系统的热平衡不稳定及平衡时间的短暂，所以恒温带的深度会有微小的变化，在同一地区的不同部分，实测的深度也不可能完全一致，有的地方深，有的地方浅，但波动幅度很小。

在一个地区恒温带上的深度（$h_{hw}$）和温度（$t_{hw}$）可通过浅钻孔长期观测确定。观测孔应选在能代表当地自然条件，同时避开地下水强烈活动地带，在矿区还应避开通风影响区，孔深不小于 50 m。一个矿区需要保留的观测孔视具体情况而定。每年的春、夏、秋、冬四季各观测 1 次，至少要在当地最高和最低气温时各观测 1 次，连续观测时间不少于 2 年，观测资料绘成深度—温度曲线，几条曲线的交点就是该孔的恒温带深度和温度，取各孔的平均值，即作为一个矿区的恒温带参数。在实际工作中，若一个地区无实际观测的恒温带资料，恒温带深度可近似用下式计算：

$$h_{hw} = 19.1 h_d \tag{1-10}$$

式中　$h_d$——大气温度日变化影响深度（一般为 1 ~ 2 m），可在当地气象站（台）查得，取年平均值。

恒温带温度 $t_{hw}$ 可用下述经验公式计算：

$$t_{hw} = t_m + 0.2 \pm 0.006Z \tag{1-11}$$

式中　$t_m$——该地区地表以下 1.6 ~ 2 m 深处的温度,℃；

$Z$——相对高程，气象站高于地表取“ - ”，低于地表取“ + ”号。

恒温带深度一般为 15 ~ 30 m，恒温带温度一般略高于当地大气的多年平均温度（1 ~ 2 ℃），同地表温度相近。

我国部分地区的恒温带资料见表 1 - 5。

表 1 - 5　我国部分地区恒温带资料

| 地　区 | 北　纬 | 恒　温　带 | | 多年平均气温/℃ | 地面平均温度/℃ | 资料来源 |
|---|---|---|---|---|---|---|
| | | $H_a$/m | $t_a$/℃ | | | |
| 辽宁抚顺 | 41°50′ | 20 | 10.5 | 7.4 | 8.3 | 抚顺煤科分院 |
| 辽宁营口 | 40°39′ | 20 | 10.0 | — | — | 中科院地质所 |
| 河北怀来 | 40°21′ | 14 | 9.0 | 8.5 | 10.6 | 怀来地热电站 |
| 河北唐山 | 39°38′ | 35 | 12.7 | 10.7 | 12.9 | 中科院地质所 |
| 天津 | 39°10′ | 32 | 13.6 | 12.8 | 13.5 | 市城建局 |
| 河北雄县 | 38°58′ | 15 | 13.9 | — | — | 中科院地质所 |
| 山东东营 | 37°27′ | 20 | 14.5 | 12.5 | 14.9 | 中科院地质所 |
| 河南新郑 | 34°40′ | 19 | 16.5 | — | — | 河南地勘局 |
| 陕西蓝田 | 34°10′ | 20 | 16.6 | 13.5 | — | 陕西水文一队 |
| 平顶山 | 33°46′ | 20 | 17.2 | 14.8 | 16.9 | 平顶山矿务局 |
| 河南确山 | 32°56′ | 20 | 16.2 | — | — | 中科院地质所 |
| 淮南 | 32°40′ | 20 | 16.8 | 15.5 | — | 抚顺煤科分院 |
| 安徽庐江 | 31°00′ | 25 | 18.9 | 15.0 | — | 中科院地质所 |
| 广西合山 | 23°53′ | 20 | 23.0 | 20.8 | — | 合山矿务局 |

表 1-5（续）

| 地区 | 北纬 | 恒温带 | | 多年平均气温/℃ | 地面平均温度/℃ | 资料来源 |
|---|---|---|---|---|---|---|
| | | $H_a$/m | $t_a$/℃ | | | |
| 湛江 | 21°15′ | 15 | 26.0 | 23.0 | 26.1 | 中科院地质所 |
| 枣庄 | 34°52′ | 40 | 13.6 | — | — | 枣庄矿务局 |
| 徐州 | 34°15′ | 25 | 17.0 | 14.0 | 15.1 | 徐州矿务局 |
| 唐口矿 | 35°25′ | 60 | 16.5 | 13.6 | 16.3 | 唐口矿 |
| 龙固矿 | 35°25′ | 50 | 16.5 | 14.1 | 16.3 | 山东地勘队 |

3. 增温带

恒温带向下延伸到一定深度是太阳辐射热影响达不到的地带，温度完全受地球内热的控制，并随深度的增加而增加，此地带称为增温带。

地温梯度的公式可表示为

$$G(Z)=\frac{\Delta t}{\Delta Z}=\frac{t_Z-t_{hw}}{Z-h_{hw}} \tag{1-12}$$

式中 $G(Z)$——地温梯度，℃/m；

$t_Z$——在深度为 $Z$(m)处的温度，℃；

$h_{hw}$——恒温带深度，m；

$t_{hw}$——恒温带温度，℃。

由式（1-12）可以得出温度 $t_Z$：

$$t_Z=G(Z)(Z-h_{hw})+t_{hw} \tag{1-13}$$

## 二、影响矿区地温场的因素

一个矿区的地温场特征是该地区地质构造与长期地质演化的反映。也就是说，一个矿区的地温状况，首先取决于该地区的大地构造部位及地壳的活动性质。影响矿区地温场的主要因素有：岩性，基底的起伏和构造形态，岩浆活动以及地下水活动等，采矿工程活动对局部矿区地温场的影响也是不可忽视的。

1. 岩性

有限的深度内，在稳定的条件下，某一深度 $H$ 处的温度为

$$t_{(H)}=t_0+q\int_0^H\frac{\mathrm{d}H}{\lambda_{(H)}} \tag{1-14}$$

式中 $t_{(H)}$——深度为 $H$(m) 时的温度，℃；

$t_0$——地表温度，℃；

$q$——大地热流密度，W/m$^2$；

$\lambda_{(H)}$——深度 $H$(m) 处的热导率，W/(m·K)。

厚度为 $\mathrm{d}H_i$，热导率为 $\lambda_i$ 的彼此连续的水平岩层，其第 $i$ 层底面的温度为

$$t_{(H)}=t_0+q\sum_{i=1}^{n}\frac{\mathrm{d}H_i}{\lambda_i} \tag{1-15}$$

由式（1-14）和式（1-15）可以看出，地温随深度增加与岩石热导率成反比。热

导率低的岩层具有较大的地温梯度，高热导率的岩层具有较小的地温梯度。

2. 基底起伏和构造形态

构造运动和岩浆活动使地壳变形，发生褶皱和断裂，形成隆起和坳陷、背斜和向斜等各种规模不等的正向构造和负向构造。致使地壳中岩石热导率不仅在垂直方向上有变化，而且在水平方向上也有变化。在这种情况下地温场是二维或三维的，使地温变化更为复杂。

（1）在一般情况下，基底凸起区域上部具有较高的地温、地温梯度和热流值；凹陷区域相对较低。基岩埋深浅，覆盖层与基岩热导率相差甚大，于凸起上方形成的高温异常区十分明显。

（2）具有适当厚度的覆盖层才能于凸起区域上部形成热异常，如果覆盖层过薄，或为秃顶构造，则凸起区域的地温低，而凹陷区域较高（对于同一水平）。

（3）凸起区域有覆盖层时，在热流平衡线以上，同一深度凸起区域的温度、地温梯度高于凹陷区域，基底抬高对地温场的水平影响范围不大，最大不超过凸起区域与凹陷区域的基底高差的 1.5 倍。

3. 岩浆活动

部分矿区的地温异常与岩浆作用有关。当地壳发生断裂形成深部岩浆上升的通道时，地球内部的热能将被带到地壳浅层，出现高温异常。评定岩浆活动对现今地温场的影响，主要从两个方面考虑：其一，岩浆侵入和喷出的地质年代。时代越新，所保留的余热就越多，在高温岩浆余热的影响下，对现今地温场的影响就越强烈，并有可能形成地热异常区。其二，岩浆体规模、几何形态以及围岩产状和热性质等对于其冷却速率影响很大。以岩浆体大小而言，冷却过程的延续时间与岩体半径的平方成正比，即岩体的半径增加 1 倍，冷却时间则延长 4 倍。

一般认为，近期的岩浆活动对当地的地温场有很大的影响。火山活动是岩浆活动在地表的显现。一些地区的大地热流密度较高大多与近期岩浆侵入有关。研究岩浆体的余热延续时间后认为，第四纪以前发生的岩浆活动，由于经过长时间的冷却，岩浆的余热已经消耗尽，对地温场的影响已不存在。例如，直径分别为 4 km、2 km、1 km 及 0.5 km 的圆柱状岩浆体，冷却到初始温度的 10%，所需的时间分别为 520000 a、130000 a、32000 a 及 8000 a。由此可见，在更新世早期至第四纪以前的一些规模不等的岩浆活动，对现今的地温场已无影响。

4. 地下水活动

地下水是最活跃的地质因素，其在地壳浅部广泛分布，易于流动，且热容量大，对地温场有重要的影响。

1）地下水活动与围岩温度场相互关系的几种类型

类型Ⅰ：地下水活动引起围岩温度降低型（低温异常）。

这种类型的特征是发生在地下水补给、径流条件良好的中小型地下水盆地及某些大型地下水盆地的边缘地带，从补给区域流入的温度较低的地下水，在下降和流动的过程中，不断地吸取围岩的热量，从而降低围岩的温度。

地处燕山南麓、太行山东麓、泰山北麓、嵩山—箕山山麓的许多矿区，于煤系地层之下有较厚的下古生界石灰岩铺底，其岩溶裂隙发育，地下水循环交替强烈，对上覆盖地层起着冷却降温作用。在此背景下，煤系地层及上覆地层的地温梯度小于2 ℃/100 m，开滦矿区的低地温就是一个典型的例子，在此处（钱家营矿除外）1000 m深处的岩温不超过30 ℃。又如平顶山矿区平均地温梯度为3.2～4.4 ℃/100 m，而在西部的地下水补给区域的地温梯度仅为2.2 ℃/100 m。

类型Ⅱ：地下水与围岩温度平衡型。

这是地下水径流缓滞地带的特征。如华北、东北一些大型沉积盆地底部，沉积层巨厚，沉积层中的地下水径流缓滞，其与围岩的温度处于平衡状态。一些大型煤田，如山东兖州煤田，安徽淮南煤田和江苏丰沛煤田等，属于这一类型。这些地区含煤地层的地温梯度比前一类大，一般在2.5～3.0 ℃/100 m。当地下水沿等温面运动时也会呈现这种特征。

类型Ⅲ：深循环上升地下水引起的局部热异常型。

深循环的地下水，在循环的过程中被岩温加热之后，在有利的地质构造条件下，如沿高角度断裂带或者急倾斜的透水层向上涌流，在通道周围及其上方形成局部热异常带。在天津韩庄凸起上的测点，盖层地温梯度高达6～8 ℃/100 m，无疑是地下热水沿沧东断裂上涌，对流传热和传导传热叠加而成的异常。如平八矿西翼无高温水上涌，地温梯度为3.2～3.5 ℃/100 m；而东翼有高温水上涌，地温梯度高达4.4 ℃/100 m（上涌水温为26～42 ℃，同水平的岩温为35 ℃）。

2）热水通道及其周围温度场的特征

热水上升活动均有一定的通道，最常见的是断裂系统。众所周知，张性断裂有着良好的开启性，是构成热水活动通道的主要类型。然而，热水活动也与压性断裂有关。压性断裂受主压应力的作用，断得深、规模大。压性断裂的存在，对于深部循环的地下径流起着阻水的作用，促使地下热水积聚，致使地下水顺着张性断裂和压性断裂相对开启的部位向上移动。往往在张性断裂与压性断裂的交汇部位岩石破碎，裂隙最发育，是热水上升的良好通道，因此，可以说热水活动是由构造控制的。对于一些老矿区、古井、老窑，以及采矿工程活动造成的岩层松动，也是地下水的良好通道。例如，江苏苇岗铁矿、辽宁岫岩铅矿，以及湖南铀矿等，都发现了深循环型的地下热水，水温高达40～50 ℃，成为构成矿井高温热害的主要热源。

下伏相对高温的承压水，沿着断裂进入井下巷道，加热沿巷道流动的风流，在采矿工程中也时有发生。例如，平顶山八矿的东翼、峰峰梧桐庄矿、苇岗铁矿等都曾发生过这种现象。

5. *采矿工程活动*

在采矿工程活动中影响地温场的主要因素有：

（1）矿井通风。在矿井通风中，由于风流沿井巷流动，冷却（或加热）了其周围岩体，从而改变了井巷围岩的热力状态，形成了一个调热圈。据观测，在通风时间为10～20 a的巷道中，其调热圈的厚度达18～25 m。

（2）矿井排水。随着矿井开拓系统的形成，井巷围岩中的水不断地涌入巷道，并排出矿井。由此对围岩的温度场产生了明显的影响。

（3）顶板陷落。由于顶板陷落，一方面破坏了岩体的结构状态，改变了其导热性能；另一方面产生了裂隙，沟通了地下水通道，使岩体的热状态发生了变化。

（4）矿井火灾。由于井下煤炭及有机物质的自然发火，一方面加热了与其接触的岩体；另一方面，在灭火过程中，通过火区的水被火源加热，并渗透到相邻的岩体中，改变了岩体的热状态。例如，大同四老沟矿，由于采区上部火区在灭火过程中用的水被火区加热成高温水，该水通过顶板的裂隙涌入巷道，使围岩温度由 20 ℃上升到 50 ~ 70 ℃。

## 第三节　矿区地温类型和热害等级

### 一、矿区地温类型

矿区地温属于地壳浅部的范畴，它受到深部地热背景和地区地质构造的控制，也受到其他因素的干扰，特别是地下水活动和局部热源的干扰。为了便于对矿山地热工作的管理和对矿山地温场的评价，特将矿山地温场分为三类：

低温类：地温梯度≤1. 6 ℃/100 m；

常温类：地温梯度 1. 6 ~ 3. 0 ℃/100 m；

高温类：地温梯度≥3. 0 ℃/100 m。

低温类分为深源低热型和地下水循环冷却型；常温类分为地温正常型和基底坳陷型；高温类分为深源高热型、局部聚热型和附加热源型，见表 1 – 6。

针对不同的地温类型，采取不同的矿井降温对策。例如，对于矿井涌水量较小，以地热为主要热源的热传导型矿山，应合理选择采矿工艺系统，加强矿井通风强度，设计有利于热害防治的矿井通风系统；对于热水型矿井，或因热水的作用而引起高温热害的矿井，应以热水治理为主要对策，如对于承压热水采用超前疏放和降压等必要措施；对于开采硫化物的矿井，应采取特殊措施，如预防或消除硫化矿物的氧化、煤炭自燃等。在采取以上各项措施均不能达到降温要求时，应采取人工制冷降温措施。

### 二、井田热害区及热害矿井等级的划分

1. 井田热害区的划分

1978 年，原煤炭工业部地质局颁发的《煤炭资源勘探地温测量的若干规定》中，对矿井热害等级作如下规定：

一级热害区：岩体的初始岩温 31 ~ 37 ℃；

二级热害区：岩体的初始岩温≥37 ℃。

岩体的初始岩温为 31 ~ 37 ℃，定为一级热害区；岩体的初始岩温为 37 ℃，定为二级热害区。

矿区处在一级热害区时，热害防治对策应以采用技术措施为主，局部采用人工制冷降温；矿区处在二级热害区时，则必须采用人工制冷降温措施。

并对不同勘探阶段的地热工作做了明确的规定：

（1）远景勘探阶段。要充分收集勘探区（工作区）内外的气象资料和地温资料，了解地温状况，初步确定该地区有无热害。

（2）总体勘探阶段。应初步查明恒温带深度、温度、平均地温梯度及其变化，基本确定勘探区内“地温正常区”和“地温异常区”的分布及有无热害，并初步圈定一级热害区和二级热害区的范围。

表1-6 矿山地温

| 简要说明 | 低地温（梯度）类 G < 1.6 ℃/100 m | | 中常地温（梯度）类 G = 1.6 ~ 3.0 ℃/100 m | |
|---|---|---|---|---|
| | 深源低热型 | 地下水循环冷却型 | 地温正常型 | 基底坳陷型 |
| 地质条件与地温状况 | 位于古老稳定地块或中生代以来长期隆起的区域，具有低的区域热流背景，地壳浅部为显著低温 | 处于大型地下水盆地补给区和强径流带，高渗透层发育，受冷水补给的地下水强烈循环而致矿区低温 | 处于正常的区域地热背景下，地质结构单一，构造平缓稳定，含水层不甚发育，地下水活动弱 | 位于稳定台块的大中型沉降区，结晶基底较深。其上形成古生界、中生界和新生界的沉积盆地。地下水交替不强烈，水温等于岩温。由于基底和盖层之间岩石热导率的差异，热流自坳陷中心向外发散 |
| 代表性矿区 | 以矾山矿区为代表，区域热流值一般在 40 mW/$m^2$ 以下，地温梯度小于1.5 ℃/100 m | 位于太行山麓，燕山山麓的矿区和晋北绝大部分煤田，以厚层奥灰强含水层垫底，呈显著低温。如开滦、焦作、京西、峰峰、鹤壁、淄博等矿区。地温梯度为 1 ~ 1.5 ℃/100 m | 我国东部大部分矿山属于此类，如兖州、滕县煤田，渭北合川、韩城矿区，豫西邓封、禹县煤田等。地温梯度为 1.6 ~ 3.0 ℃/100 m。1000 m 深处的岩温不超过 30 ℃ | 兖州、新汶、淮南及淮北等煤田属之。热流值正常或略偏高，新汶矿区为 48.15 mW/$m^2$，盆地平均地温梯度为 2.1 ~ 3.0 ℃/100 m，局部地区可达 3.5 ℃/100 m |
| 地温研究方法 | 控制性地温测量与代表性热流值测定 | 控制性地温测量与水文地质分析相结合 | 采取常规的地温测量，并进行代表性的热流值测量 | 采取常规的地温测量，并进行代表性的热流值测量 |

类型的划分

| 高地热（梯度）类 G＞3.0 ℃/100 m | | | | | |
|---|---|---|---|---|---|
| 深源高温型 | 局部聚热型 | | | 附加热源型 | |
| | 基底隆起亚型 | 高热阻岩盖亚型 | 高热导岩带亚型 | 岩石高产热亚型 | 热水循环亚型 |
| 处于高热流背景区域的矿区，深源高热导致地壳浅部高温及高热流 | 在正常区域地热背景之下，由于地质构造上为基底隆起，加之基岩与盖层岩石热导率的显著差异，导致在隆起部位聚热而致高温和高热流 | 在正常区域地热背景下，厚层年青沉积盖层掩盖的矿区，由于盖层高热阻导致矿区高温和高地温梯度 | 在正常区域地热背景下，矿区内矿层及其围岩系由显著高热导率岩石组成，构成高热导岩带而致矿区聚热，呈现高温和高热流 | 在特定的地热背景下，矿区的矿体赋存深度内，岩石及矿层富含产热元素铀、钍、钾，构成高温场的附加热源，成为矿区高温异常的重要原因之一 | 处于大型的地下水盆地的承压排泄区或大断裂带地下水循环系统排泄带的矿区，热水上升活动成为矿区致热的主要因素 |
| 目前在我国尚未掌握典型实例。喜马拉雅地热带内可能存在此种类型、郯庐带的某些矿区值得进一步追索 | 位于基底隆起上的平顶山矿区为代表，全区性（几百平方千米）地温梯度高，为3.2～3.51 ℃/100 m,代表性热流值为71 mW/$m^2$,400 m 深处温度达30 ℃ | 位于胶东断块上的黄县第三系煤层，为厚层年青沉积层掩盖，在正常区域热背景上(区域热流值为50 mW/$m^2$)，高热阻岩盖导致煤盆高地温梯度，平均值在 3.5 ℃/100 m 以上 | 以安徽周集—重新集元古界变质岩铁矿区为代表。铁矿层及元古界变质岩系组成高热导岩带，在正常区域热背景（热流值为 50 mW/$m^2$）下，导致矿区高热流异常（热流值大于 80 mW/$m^2$） | 安徽罗河铁矿区热流值为 75 mW/$m^2$，中生代火山岩铀、钍、钾含量高，成为该热流异常的重要原因 | 新郑矿区处于新密地下水盆地承排泄区，热水上升活动引起高温，热流值大于 63 mW/$m^2$ 的面积达 100 $km^2$。711 矿，苇岗铁矿代表处于断裂系统地下室排泄区的高温矿区 |
| 从区域背景上确认属于高热流区，评定矿区局部致热因素存在与否及其范围和强度 | 常规地温测量，代表性热流测试，结合矿区及区域地质特点，评定区域地热背景；分析研究地质结构不均一性对地温的控制及影响作用 | | | 控制性地温测量，代表性热流测试，对矿层及围岩进行产热元素含量测定，计算岩石生热量 | 采用地温场分析与地下水流场特征相结合的方法，作出地下水活动对温度场影响的定性与定量评价 |

（3）建井勘探阶段。应查明恒温带深度、温度、平均地温梯度及其变化，勘探区内“地温正常区”和“地温异常区”的分布，以及对有热害的干球温度地区应查明原始岩温31 ℃和37 ℃的深度，并圈定岩温高于31 ℃的一级热害区和岩温高于37 ℃的二级热害区的范围。

2. 热害矿井等级的划分

热害矿井应按采掘工作面的风流温度划分为三级：

一级热害矿井：一个或多个采掘工作面的风流温度≥28 ℃，≤30 ℃；

二级热害矿井：一个或多个采掘工作面的风流温度＞30 ℃，＜32 ℃；

三级热害矿井：一个或多个采掘工作面的风流温度≥32 ℃。

对于一级热害矿井应加强通风，采掘工作面风流速度应为2.5～3.0 m/s；对于二级和三级热害矿井，除加强通风、提高风速外，还应采取人工制冷降温措施；对于三级热害矿井若不采取有效的降温措施，则应停止作业。

## 第四节　矿山地热利用

地热（包括地下水）是井下的主要热源，但在一定的条件下，地热又可以作为能源加以利用，利用的形式分为高温地热能和低温地热能两类。

### 一、高温地热能的利用

1. 预热进风井筒

在冬季，为了保护人身安全，井筒装备及提升设备不受损坏，《煤矿安全规程》规定：进风井口以下的空气温度必须在2 ℃以上。为此，冬季需在进风井口装上空气预热设备，这不仅需要大量投资，而且也要增加矿井的能耗。因此，采用地热预热空气无疑是一个经济有效的方法。我国部分矿区很早就开始采用地热预热空气（表1－7）。

表1－7　我国部分矿区早期利用地热预热矿井进风实例

| 矿山名称 | | 青城子铅矿<br>（二道沟） | 临江铜矿 | 红透山铜矿<br>（红坑口） | 五龙金矿<br>（二号坑） | 华铜铜矿 |
|---|---|---|---|---|---|---|
| 地理位置 | | 辽宁风城 | 吉林东部 | 辽宁清原 | 辽宁丹东 | 辽宁盖县 |
| 气象条件 | | 最低－30 ℃，<br>冰期为45个月 | 最低气温为<br>－31～－33 ℃ | 最低气温为<br>－30 ℃ | 最低气温为<br>－16 ℃ | 最低气温为<br>－27 ℃ |
| 调热巷道 | 长度 | 500 | 645 | | 900 | 500 |
| | 周长 | 8.0 | 7.4 | | 7.6 | 7.5 |
| | 散热面积/$m^2$ | 400 | 4780 | 38000 | 6840 | 3750 |
| 岩石种类 | | 白云岩 | 花岗岩，闪长岩 | 花岗岩 | | |
| 预热效果 | 开始/℃ | －13 | －21.5 | －20.5 | －16 | －6 |
| | 终了/℃ | 2.0 | 4.0 | 5.6 | 2.0 | 11～14 |
| 预热1 $m^3$ 空气至2 ℃调热巷道放热面积/$m^2$ | | 260 | 283 | | 400 | 198 |

表 1-7（续）

| 矿山名称 | 青城子铅矿（二道沟） | 临江铜矿 | 红透山铜矿（红坑口） | 五龙金矿（二号坑） | 华铜铜矿 |
|---|---|---|---|---|---|
| 增加的设备 | 190 kW 辅助通风机 1 台 | 11 kW 局部通风机 4 台 | 6 台 20 $m^3/s$ 和 9 台 30 $m^3/s$ 风机 | 11 kW 局部通风机 5 台 | 1 台辅助通风机 |
| 采暖预热所需的设备及燃料消耗 | 5M-15K 型锅炉 2 台，50 kW 风机 1 台，耗煤量为 8 t/d | | | | |
| 预热巷道建设时间 | 1967 年 | 1966 年 | 1975 年 | | 1956 年 |

设计巷道预热系统的技术关键是：其一，设计巷道的规格尺寸；其二，在利用现有预热巷道时，需计算巷道的预热能力。

为了节省巷道工程量和费用，预热巷道必须兼用矿井主要进风道的功能，其位置最好在恒温带以下附近。这样，冬季可以预热，夏季可以冷却风流。

2. 矿井热水的利用

按照地热资源勘探常用的标准，热源温度的下限定为高于当地年平均温度 10 ℃。我国地质矿产部提出的地下热水的温度分级标准为：25～40 ℃为低温；40～60 ℃为中温；60～100 ℃为高温；超过 100 ℃为过热水。

矿山由于热水的出现，一方面加重了矿井的热害程度；另一方面，在一定的条件下，热水又是矿山的宝贵资源，它可以广泛地用于工农业生产和社会福利事业。目前，我国有不少矿山，如湖南郴州铀矿、江苏苇岗铁矿、河南平顶山八矿、峰峰梧桐庄矿、新郑矿区、山东坊子煤矿以及湖北胡家湾矿等，都有高温热水可以利用，有的矿已取得了良好的利用效果。地下热水和地热蒸气所储藏的热能总量为地球上全部煤炭储藏量的 1 亿 7 千万倍。

1）高温热水在农业生产和人民生活中的应用

矿井热水在农业生产和人民生活中有着广泛的使用价值，美国人提出的各种使用途径对热水的温度要求见表 1-8。

表 1-8　不同使用途径对热水温度的要求

| 使用途径 | 热水温度/℃ | 使用途径 | 热水温度/℃ |
|---|---|---|---|
| 干燥有机物质，洗涤干燥羊毛等 | 100 | 蘑菇种植，矿泉浴疗等 | 50 |
| 干燥鱼干，强化融冰等 | 90 | 土壤加热，暖棚种植，养鸡孵化育雏等 | 40 |
| 建筑物供热，空间加热室等 | 80 | 游泳池，寒带采矿用热水，防冻等 | 30 |
| 吸引式制冷（下限温度） | 70 | 鱼子孵化，养鱼等 | 20 |
| 动物饲养，温床等 | 60 | | |

当矿山热水的某些成分达到了饮用天然矿泉水和医疗热矿泉水标准时，就增加了利用和开发的价值。饮用天然矿泉水标准（GB 8537—2008）如下：锂≥0.2 mg/L；锶≥0.2 mg/L；

锌≥0.2 mg/L；碘化物≥0.2 mg/L；偏硅酸≥25 mg/L；硒≥0.01 mg/L；游离二氧化碳≥250 mg/L；溶解性总固体≥1000 mg/L，凡有上述一项（或一项以上）指标之一者均可以称为天然饮用矿泉水。在医疗方面，如温泉疗养，治疗各种疾病等。有的矿区已建立了地热温泉疗养院。

2）地热水采暖空调

利用地热水进行采暖空调有多种方案可行。

（1）用地热水直接供暖和作空调源。这种方案是将地热水直接送到建筑物的采暖和空调系统，其系统形式与一般采暖空调系统没有区别，只是代替锅炉和热电站的是地热井。对于不同形式的地热水直接供热装置，为使散热面积不至增加过多，其水温有个低限值。如装在混凝土地板下的光管最低水温为30 ℃；热片式空气加热器水温不低于40 ℃；供热水的风机盘管机组水温不低于49 ℃；自然对流散热器水温不低于60 ℃；金属暖气片水温不低于71 ℃。

（2）地热水间接供热。为了避免地热水对供热系统及设备的腐蚀，使地热水通过热交换器加热供热系统的热水。这样尽管供热水温有所降低，但延长了管道和设备的使用寿命，在经济上仍然是有利的。

（3）地热水供暖加调峰锅炉。建筑物的供暖负荷是由室外设计空气温度决定的。为了提高地热利用率，扩大地热采暖的建筑面积，可以把采暖负荷分成两部分：其一，室外温度较低时的高峰负荷由另设的锅炉供应；其二，地热只负担室外温度较高时的采暖负荷。

（4）地下含水层蓄能。地下含水层蓄能，即深井回灌，就是将低于或高于含水层原有水温的冷水或热水灌入含水层（深井），利用含水层来蓄冷或蓄热，待需要供冷或供热时，用水泵吸取使用。由于空调系统能耗有季节性变化，所以含水层蓄能对于空调节能有很大的经济意义。

（5）地热水作为吸收式制冷设备的热源。由热力学的原理可知，任何工质在由液态向气态转化的过程中，必然吸收周围介质的热量，如水在汽化时，吸收汽化潜热。根据这一原理，可以制成以水为制冷剂、以溴化锂为吸收剂的溴化锂吸收式制冷设备。以热水为热源的溴化锂吸收式制冷设备具有良好的节能和环保效果。

3）地热发电

在现代技术条件下，利用地热发电是地热能利用的主要方法之一。早在1970年底，在广东丰顺地区建成了我国第一座地热试验电站；1971年又在怀来和江西温汤地区建立了两座地热试验电站。西藏的羊八井是我国较大的地热田之一，其天然的热流量达到 $44.7\times10^{4}$ kJ/s，相当于每小时燃烧55 t标准煤所释放出来的热量，其发电量是西藏电力的主要来源。

地热发电的主要方法是减压扩容法和中间介质法。

## 二、低温地热能的提取和利用

以上介绍的是温度较高的地热能的利用（温度超过40 ℃），但是高温地热区分布并不均衡，仅为少数地区有资可取，而来自地壳浅部（2～20 m）的低温地热能（温度为7～15 ℃）分布面却极广。

关于低温地热能的开发利用，国外早在1912年就开始，但直到20世纪70年代，世界上出现第一次能源危机时才得到重视，出现了许多应用的实例。目前，在美国和欧洲已有相当一部分小型住宅和别墅利用地热供热与制冷空调。由于它具有良好的节能、环保和经济效益，越来越受到人们的重视。但在我国，目前刚刚起步，仅在少数地方开始应用。

1. 低温地热能的利用原理

地球是一个巨大的热体，以热传导方式来自地球内部然后通过地面散发到太空中的热量每年约有 $1.026\times10^{21}$ J，而地球表面接受太阳辐射的热量每年为 $2.345\times10^{24}$ J，由此可见，地壳最上部的放热和吸热的平衡关系决定了该地层带温度场的特征。前面已介绍从地表垂直向下的地壳中的地温变化分为三个温度带：变温带（0～20 m）、恒温带（20～30 m）和增温带（30 m以下），我们要利用的低温地热能储存在变温带中，即地表以下1～20 m。

我们提取的低温地热能主要用于供热和制冷空调，其工作原理如图1－4所示。在地热提取装置2中，流体将通过地下换热系统1吸收的热量传递给能量转换介质（制冷剂或制热剂）；能量转换系统3吸入能量转换介质，并将其携带的热量传递给载冷剂（或载热剂），载冷剂（或载热剂）再通过泵送到用户4，进行供冷（或供热）。

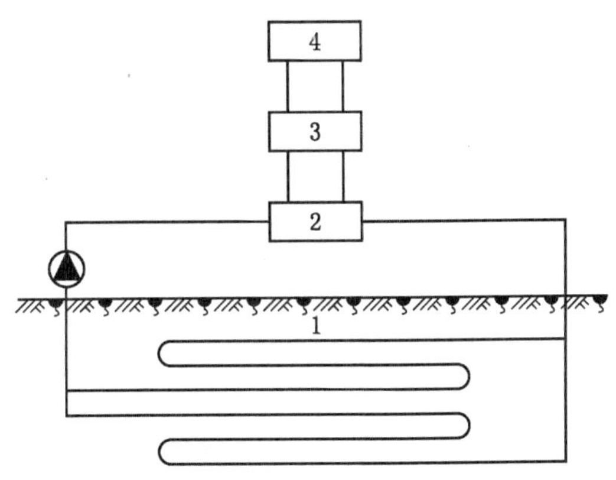

图1－4　地热能提取和利用系统

2. 低温地热能开发利用的特点和前景

（1）环保效益。传统的供热方式，主要是采用燃煤、油或天然气等地下有限的物质，而这些固有资源在开采、运输、转换和利用过程中，对人类的生存环境会造成严重污染。例如，平均每燃烧1 t煤，要排出 $SO_2$ 40 kg，$CO_2$ 1600 kg，烟尘15 kg，灰渣260 kg。同时，大量 $CO_2$ 进入大气中，会产生温室效应，严重地威胁人类的生存。而地热利用装置，采用电力驱动，致使上述污染物得以避免。

（2）节能与经济效益。地热利用设备具有明显的节能和经济效益。其能量输入与输出之比为：供热状态为1∶3.8；供冷状态为1∶5.2。根据目前我国的使用情况，与其他能源的节能及经济比较见表1－9。

表 1-9 各种冷暖设备的经济比较

| 设备名称 | 系统性能 | 一次投资/万元 | 直接运行费用/(元·$m^{-2}$) | | 地热设备的节约费用/万元 | |
|---|---|---|---|---|---|---|
| | | | 夏天 | 冬天 | 夏天 | 冬天 |
| 燃料锅炉 | 供暖热水 | 50 | | 25.65 | | 13.89 |
| 燃油锅炉 | 供暖热水 | 61 | | 45.29 | | 33.49 |
| 电锅炉 | 供暖热水 | 90 | | 124.22 | | 112.42 |
| 热力网供热 | 供暖热水 | 70 | | 22.00 | | 10.20 |
| 溴化锂机 | 供冷热水 | 325 | 34.61 | 45.26 | 27.11 | 33.46 |
| 空调机 | 供冷热水 | 295 | 28.80 | 29.50 | 21.30 | 17.70 |
| 地热设备 | 供冷热水 | 104 | 7.50 | 11.80 | 0 | 0 |

由表 1-9 可见，地热设备除初投资高于燃煤、燃油、电锅炉以及电力网之外，其运转费用大大地低于其他冷暖设备。

（3）可实现冷暖双向供应。地热设备可实现冷暖双向供应，即冬季供暖，夏季供冷。冬季室内温度可控制在 16~20 ℃的范围之内，供热水温度为 40~55 ℃，夏季室内温度可控制在 26 ℃以下。

（4）使用范围广。地热设备既可以对中小区域供热制冷，又可以用于建筑群体的供热制冷。广泛适用于住宅、宾馆、办公楼及其他公共建筑。

3. 地源热泵

参考 ASHRAE Hand book：HVAC Application 对地热资源利用的分类，地热能资源按温度范围不同分为三类，即中低温（不大于 150 ℃）热田、高温（不小于 150 ℃）热田和地源热泵（不大于 32 ℃）。低温的地热资源可以广泛地应用于空调领域，形成一种新兴的空调技术——地源热泵。

地源热泵技术作为一种有益于环境保护和可持续发展的冷热源形式，被称为一项以节能和环保为特征的 21 世纪的技术。

地源热泵最早的概念原理是在 1912 年瑞士的一份专利文献中出现的，随着对其研究的不断深入，地源热泵变成了一个广义的术语，包括了使用土壤、地下水和地表水作为冷源和热源的热泵系统。1997 年以后，由美国采暖、制冷与空调工程师学会（ASHRAE）统一了标准术语——地源热泵（ground-source heat pump，GSHP）。

所谓地源热泵系统，就是把传统的空调器的冷凝器或蒸发器直接埋入地下，使其与大地直接换热，或是通过中间介质（水或冷冻剂）作为热载体，并使中间介质在封闭的环路中通过大地循环流动，从而实现与大地进行热交换的目的。也就是说，地源热泵是以大地为热源，对建筑物进行空调的技术。冬季通过热泵将大地中低品位的热能提高品位对建筑物进行供暖，同时储存冷量，以备夏用；夏季是通过热泵将建筑物里的热量转移到地下，对建筑物进行降温，同时存储热量，以备冬用。

## 思考题

1. 地热的来源有哪些？

2. 成为地球内热主要来源的条件有哪些?
3. 地温梯度的概念是什么?
4. 影响区域地温场的主要因素有哪些?
5. 在采矿工程活动中影响地温场的主要因素有哪些?
6. 矿区地温场如何划分及矿区热害等级如何划分?
7. 矿山地热如何进行利用?
8. 地源热泵的概念是什么?

# 第二章　矿　井　热　源

处在井巷及井下作业环境中、并能对风流加热（或吸热）的载热体，称矿井热源。由于矿井所处的地质地热环境、大气环境以及采矿生产系统的不同，致使矿井热源也有所差异。但主要热源的种类基本相同。如矿井围岩放热、机电设备放热、矿井运输放热、热水的放热等。在众多的矿井热源中，有些热源所散发热量的多少取决于流经该热源的风流温度及其水蒸气分压力，例如围岩放热和水与风流间的热湿交换就属于这种类型，一般称它们为相对热源或自然热源；另一类热源所散发的热量数并不取决于风流的温、湿度，而仅取决于它们在生产中所起的作用而定，例如机电设备放热，所以也称它们为绝对热源或人为热源。矿井热源的计算是进行矿内风流热力状态预测和矿井降温的基础，对于有热害的矿井，在进行矿井开拓和生产系统设计之前，必须做好此项工作。

## 第一节　地　表　大　气

严格意义上讲，地表大气状态变化并不是热源，但是它对井下的气候影响较大。

大气的温度叫气温。从长时间平均看，地面和大气系统热量得失的总和平衡，因此，地面和大气的平均温度保持不变。但是，在不同时间、不同地域，太阳辐射、下垫面性质和大气条件等是有变化的，因此，气温具有时间上的变化差异。

由于大气中的热量累计相对于太阳辐射有一定的滞后性，因此，一天内气温的最高值一般出现在午后 2 点左右，比中午太阳高度角最大、太阳辐射最强的时间滞后 2 h 左右，如图 2－1 所示。夜晚地面在没有太阳辐射热能补充的情况下，不断放出长波辐射热能，日出前地表储存的热能达到最少，随之气温也达到最低值。

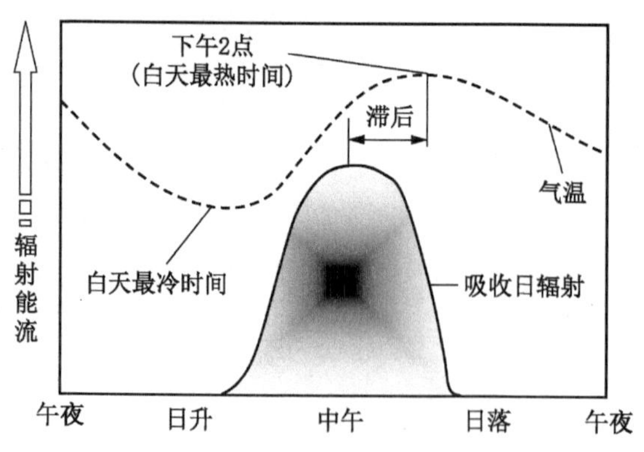


图 2－1　气温的日变化

气温在每一年里周期性、有规律地升高和降低，称为气温的年变化。地球上绝大部分地区，气温在一年中有一个最高值和一个最低值。一年中气温的最高值和最低值出现的时间分别比太阳辐射最强和最弱的时间滞后 1 ~ 2 个月，大陆上的最高气温出现在 7 月份（海洋上为 8 月份），最低气温出现在 1 月份（海洋上为 2 月份）。

矿井的风流由地面吸入井下，地面大气的温度及湿度又随每天的不同时间及每年的不同季节而变化，这样的日变化和季节变化必然会影响到井下的环境。

大气中空气绝对温度的日变化一般很小，但地表的日气温变化却相当大。当空气流入井下时，井巷围岩将产生吸热或放热作用，使风温和巷道壁温度达到平衡，井下空气温度变化的幅度就逐渐地衰减。随着通风线路的加长，在回采工作面的日气温变化基本无察觉。据测定，某进风井，进风量为 87 $m^3/s$，早晨 7 点左右，地表的最低温度为 -3.1 ℃，17 时左右，地表的最高温度为 12 ℃。在 1000 m 水平井底车场的干球温度变化在 11.9 ~ 13.4 ℃之间。当风量降至 30 $m^3/s$ 并流经一条长度为 1200 m 的运输平巷后，日风温波动的幅度衰减到 0.2 ℃以下。

当地表大气温度突然发生了持续多天甚至数星期的变化时，这种变化还是能在采掘工作面上觉察到的。风量越大，其影响也越强烈。例如某一矿井，地表大气平均温度在一星期内自 -6 ℃升到了 +8 ℃，在井底车场的风温也自 8 ℃升到 16 ℃，距井底车场 1200 m 处测得的风温自 22 ℃升到 23 ℃。

地表大气的温度与湿度的季节性变化对井下气候的影响远比日变化要大，甚至在采掘工作面的出口处也能测量到这种变化。例如，根据淮南九龙岗煤矿的实测资料表明，其地表大气在夏天与冬天的日平均温差为 16 ℃，在采面的入口处为 3 ℃，在采面的出口处降为 1.5 ℃。

对于矿井的气候条件来说，风流含湿量的年变化要比温度的年变化重要得多，这是因为水的汽化潜热远比空气的比热容大得多。例如，淮南九龙岗煤矿地表大气含湿量的变化量约为 4 ~ 5 g/kg，直到采区进口处，这个数值仍在相当程度上保持不变。但在采掘工作面上，其冬夏的差值降到约 3 g/kg，其影响是比较显著的。

## 第二节　井筒中空气的自压缩温升

与地表大气压力变化情况类似，严格意义上讲，空气的自压缩温升也不属于热源，它是由于向下流动时自身压缩而引起的热量的增加。在重力场的作用下，空气绝热地沿井巷向下流动时，其温升是由于位能转化为焓的结果，而不是由于其外部热源输入热流造成的。但对较深的矿井来说，自压缩引起的风流的温升在矿井的通风与空调中所占比重很大，故将其划入热源进行讨论。

风流自上向下流动时，其自身压缩的热增量 $Q_P$ 为

$$Q_P = 0.00981 M_B \Delta H \tag{2-1}$$

由于风流自压缩引起的温升 $\Delta t$ 为

$$\Delta t = 0.00976 \Delta H$$

式中　$Q_P$——风流自压缩的热增量，kW；

$\Delta H$——风流向下流动的垂直深度，m；

$M_B$——风量，kg/s；

$\Delta t$——风流自压缩引起的温升,℃。

当可压缩的气体（空气）沿井巷向下流动时，其压力和温升都要有所上升，此过程称之为自压缩过程。在自压缩过程中，如果气体与外界不发生热湿交换，气体的流速也未发生变化，此过程称之为纯自压缩或绝热自压缩过程。根据能量守恒定律，风流在纯自压缩过程中的焓增 $\Delta i$ 与风流前后状态的高差成正比，即：

$$\Delta i = i_2 - i_1 = g(Z_1 - Z_2) \tag{2-2}$$

式中 $\Delta i$——风流在纯自压缩过程中的焓增，kJ/kg；

$i_1$，$i_2$——风流在始点和终点的焓值，kJ/kg；

$Z_1$，$Z_2$——风流在始点和终点状态下的标高，m；

$g$——重力加速度，$m/s^2$。

对于理想气体来说，在任意压力下：

$$\mathrm{d}i = c_p \mathrm{d}t \tag{2-3}$$

即：

$$i_2 - i_1 = c_p(t_2 - t_1) \tag{2-4}$$

式中 $c_p$——空气的定压比热容，kJ/(kg·K)；

$t_1$，$t_2$——风流在始点和终点状态下的温度,℃。

则风流由于自压缩而引起的热增量 $Q_P$ 和温升 $\Delta t$ 为

$$Q_P = M_B \Delta i = M_B c_p(t_2 - t_1) = M_B g(Z_1 - Z_2) \tag{2-5}$$

$$\Delta t = (t_2 - t_1) = g(Z_1 - Z_2)/c_p \tag{2-6}$$

取 $g = 9.81\ m/s^2$，$c_p = 1.005$ kJ/(kg·K)，当 $Z_1 - Z_2 = 1000$ m 时，$t_2 - t_1 = 9.76$ K/1000 m。

也就是说，风流在纯自压缩状态下，当高度差是 1000 m 时，其温升可达 9.76 K，这是一个较大的数值。但在实际矿井中，风流沿井筒向下流动并非绝热过程，而是加湿压缩过程，在此过程中既有热交换也有湿交换，特别是井壁水分的蒸发要吸收大量的热量，有些井巷的淋水会比较大。由于风流自压缩的部分焓增要消耗在蒸发水分上，用以增大风流的含湿量，所以风流的平均温升并没有理论计算值那么大。此外，由于井巷的吸热和放热作用也抵消了一部分风流自压缩温升。例如在冬天，由于围岩的放热，风流的温升要比平均值高；而在夏天，由于围岩的吸热，风流的温升比平均值低，风流通过井筒是降温过程。

风流通过立井或倾斜巷道的自压缩产热量，也可按下式计算：

$$Q_P = 0.976 M_B(273 + t_1)\left[\left(1 + \frac{0.0124\Delta H}{101.325 + 0.0124 H_1}\right)^{0.286} - 1\right] \tag{2-7}$$

当 $\Delta H = 1000$ m，$H_1 = 0$，$t_1 = 20$ ℃，$M_B = 20$ kg/s，用式（2－5）计算 $Q_P$ 结果为 196.2 kW，按式（2－7）计算结果为 192 kW。

对采深已超过 3800 m 的南非部分矿井来说，如果井巷围岩干燥，且不与风流进行热湿交换，则风流流入井下后，因自压缩引起的温升可达 38 ℃，即可从 12 ℃增到 50 ℃。风流温升 38 ℃约相当于焓增 38 kJ/kg，如果进风量为 200 $m^3/s$，则意味着风流的热量增量可达 9 MW。

与其他的热源相比，在进风井筒中，自压缩温升是个最主要的热源，由于其引起的焓增与风量无关，其往往成为唯一有意义的热源。在其余的倾斜巷道中，特别是在回采工作面上，自压缩温升仅仅是许多热源中的一个，而且大多数情况下是微不足道的热源。

同理，风流沿井筒或倾斜巷道向上流动时，风流因减压而膨胀，焓值要减少，风温要下降，其值与压缩过程一样，只不过为负值。

某煤矿对许多进风井进行了测定，从测定的结果来看，实际上热焓增值中只有 25% 是由于压缩生热而产生的。也就是说除了压缩生热外，同时还有其他热源作用。在热焓增值中，有 64% 用作温度升高，36% 用于蒸发。实际上，风流的温度增值在进风井筒中深度每增加 100 m，温度要增加 0.8 K，比干燥空气在绝热自压缩过程的理论值降低 20% 。

自压缩这个热源是无法消除的，而且随着采深的增加还会相应的增大。虽然风流在回风巷里向上流动时，可因膨胀而得到相应的降温效果，但由于受到自然负压和巷道里水汽的冷凝作用，实际冷却效果甚微。

## 第三节　围　岩　放　热

大量的观测资料显示，围岩放热是导致矿井热害的主要因素。当围岩的原始岩温与井巷中流动的空气温度存在温差时，就要产生换热。根据温差的正负，热流自风流传向岩体或自围岩传给风流。即使在不太深的矿井里，原始岩温一般也要超过该处的风温，因而热流一般来自围岩。在深矿井里，热流值会相当大，甚至会超过其他热源热流量的总和。

在大多数情况下，围岩主要以传导的方式将热传给巷道壁。当岩体向外渗流、淋水时，则存在着对流传热。如果水量大且温度很高，其传热量可能很大，甚至会超过传导传递的热量。

在井下，井巷围岩里传导传热是个不稳定的换热过程，即使是在井巷壁面温度保持不变的情况下，由于岩体本身就是热源，所以自围岩深处向外传导的热量值也随时间而变化。随着时间的推移，被冷却的岩体逐渐扩大，其所向风流传递的热量逐渐减少，需要从围岩的更深处将热量传递出来。在井巷投入使用之后，由于矿井通风和排水的影响，使其围岩温度场发生变化。由于地面大气温度的季节性变化，必然导致井巷风流温度的相应变化。由于围岩与风流间的热交换强度取决于风流与围岩的温差，故此，随着季节的变化，在井巷围岩的浅部便形成了一个温度随着季节变化的带，我们称之为围岩调热圈。井巷围岩调热圈的厚度主要取决于其通风时间和围岩岩性，根据国外的测试资料，围岩调热圈的厚度一般为 15 ~ 40 m，其中砂岩为 10 ~ 20 m，页岩为 8 ~ 10 m，煤为 3 ~ 5 m。煤炭科学研究总院抚顺分院于 1964—1966 年间，在淮南九龙岗矿的 -430 m、-530 m 和 -630 m 水平的大巷中进行了系统观测，观测结果显示：

-430 m 水平大巷：通风时间 15 年，岩性为砂岩，调热圈厚度为 20 m；

-530 m、-630 m 水平大巷：通风时间 10 年，岩性为砂岩，调热圈厚度为 15 m。

根据国内外大量的观测资料，井巷调热圈的厚度一般在通风 3 年之后趋于稳定。但是，在井巷掘进施工过程中，由于通风时间较短，特别是掘进迎头，风流对围岩温度的影响深度很浅，这就给我们提供了利用浅钻孔或炮眼测试初始岩温的可能性。

在传热过程中，由于井巷表面水分的蒸发或凝结，还伴随有传质过程的发生。为简化研究，目前将这些复杂的影响因素都归结到传热系数中去讨论。井巷围岩与风流间的传热量（吸热或放热）$Q_{gu}$可按式（2-8）计算：

$$Q_{gu}=K_{\tau}LU(t_{gu}-t_{B}) \tag{2-8}$$

式中 $Q_{gu}$——井巷围岩放热量，kW；

$K_{\tau}$——风流与围岩间的不稳定换热系数，kW/(m$^2$·K)；

$t_{gu}$——围岩的初始温度,℃；

$t_{B}$——巷道中风流的平均温度,℃；

$L$，$U$——巷道的长度和周长，m。

原始岩温是指未受扰动的围岩温度，在地表以下随深度的增加而增加。这是由于从地核向地表的热流导致的结果，同时受地下水、地温异常或辐射退化的影响而修正。原始岩温可从两种途径获得，即从地面地质钻孔实测或在已有矿井炮孔测温获得。

围岩与风流间的不稳定换热系数$K_{\tau}$是井巷围岩深部未被冷却的岩体与空气间温差为1 ℃ 时，单位时间内从每平方米巷道壁面上向空气放出（或吸收）的热量，其定义式为

$$K_{\tau}=K_{u\tau}\lambda/R_{0}$$

$K_{u\tau}=f(Fo,\ Bi)$ 为基尔皮切夫不稳定换热系数，无因次

$$K_{u\tau}=\frac{K_{\tau}R_{0}}{\lambda}=\frac{1+0.4\sqrt[4]{Fo}}{1.77\sqrt{Fo}+\dfrac{1}{Bi}}$$

式中 $Fo$——傅里叶数，$Fo=\dfrac{a\tau}{R_0^2}$；

$Bi$——比欧数，$Bi=\dfrac{\alpha R_0}{\lambda}$；

$R_0$——巷道当量半径，$R_0=0.56\sqrt{S}$（$S$为巷道断面积），m；

$\lambda$——岩石热导率，W/(m·K)；

$\alpha$——放热系数，W/(m$^2$·℃)；

$a$——巷道的导温系数，m$^2$/s；

$\tau$——巷道通风时间，a。

根据矿井热交换理论导出的不稳定换热系数计算方法如下：

（1）通风时间小于1年的巷道：

$$K_{\tau}=\alpha\left[1-\frac{Bi}{Bi+0.375}f(z)\right] \tag{2-9}$$

$$f(z)=1-e^{z^2}\left(1-\frac{2}{\sqrt{\pi}}\int_0^z e^{z^2}dz\right)$$

$$z=(Bi+0.375)\sqrt{Fo}$$

计算出$z$后，$f(z)$ 的值可查表2-1取得。

当巷道壁有强烈水分蒸发时：

$$K_{\tau}=(\lambda/R_0)\left(0.375+\frac{R_0}{\sqrt{\pi a\tau}}\right) \tag{2-10}$$

表 2-1 $f(z)$ 值

| $z$ | $f(z)$ | $z$ | $f(z)$ | $z$ | $f(z)$ | $z$ | $f(z)$ | $z$ | $f(z)$ | $z$ | $f(z)$ |
|---|---|---|---|---|---|---|---|---|---|---|---|
| 0.0 | 0.0000 | 1.2 | 0.6214 | 5.5 | 0.8974 | 12 | 0.9530 | 26 | 0.9783 | 100 | 0.9944 |
| 0.1 | 0.1036 | 1.4 | 0.6614 | 6.0 | 0.9060 | 13 | 0.9566 | 28 | 0.9799 | 110 | 0.9949 |
| 0.2 | 0.1910 | 1.6 | 0.6975 | 6.5 | 0.9132 | 14 | 0.9597 | 30 | 0.9812 | 120 | 0.9953 |
| 0.3 | 0.2654 | 1.8 | 0.7217 | 7.0 | 0.9194 | 15 | 0.9624 | 35 | 0.9839 | 130 | 0.9957 |
| 0.4 | 0.3202 | 2.0 | 0.7434 | 7.5 | 0.9248 | 16 | 0.9647 | 40 | 0.9859 | 140 | 0.9960 |
| 0.5 | 0.3843 | 2.5 | 0.7928 | 8.0 | 0.9295 | 17 | 0.9668 | 45 | 0.9875 | 150 | 0.9962 |
| 0.6 | 0.4323 | 3.0 | 0.8207 | 8.5 | 0.9336 | 18 | 0.9686 | 50 | 0.9887 | 160 | 0.9964 |
| 0.7 | 0.4741 | 3.5 | 0.8454 | 9.0 | 0.9373 | 19 | 0.9703 | 60 | 0.9906 | 180 | 0.9978 |
| 0.8 | 0.5109 | 4.0 | 0.8634 | 9.5 | 0.9406 | 20 | 0.9718 | 70 | 0.9919 | 200 | 0.9971 |
| 0.9 | 0.5435 | 4.5 | 0.8777 | 10 | 0.9436 | 22 | 0.9744 | 80 | 0.9929 | | |
| 1.0 | 0.5724 | 5.0 | 0.8872 | 11 | 0.9487 | 24 | 0.9765 | 90 | 0.9937 | | |

（2）通风时间 1～10 年的巷道：

$$K_\tau=\frac{1}{1+\dfrac{\lambda}{2\alpha R_0}}\left[\frac{\lambda}{2R_0}+\frac{b}{2\sqrt{\tau}\left(1+\dfrac{\lambda}{2\alpha R_0}\right)}\right] \tag{2-11}$$

当巷道壁有强烈水分蒸发时：

$$K_\tau=\frac{\lambda}{2R_0}+\frac{b}{2\sqrt{\tau}} \tag{2-12}$$

（3）通风时间 10～50 年的巷道：

$$K_\tau=0.5\,\frac{\lambda^{0.65}(c\rho)^{0.2}\alpha^{0.15}}{R_0^{0.45}\tau^{0.2}} \tag{2-13}$$

当巷道壁有强烈水分蒸发时：

$$K_\tau=0.8\,\frac{\lambda^{0.8}(c\rho)^{0.2}\alpha^{0}}{R_0^{0.6}\tau^{0.2}} \tag{2-14}$$

$K_\tau$ 的实测值与计算值见表 2-2。

表 2-2 $K_\tau$ 的实测值与计算值

| 测试地点 | 巷道长 $L$/m | 周长 $U$/m | 岩性 | $K_\tau$ 实测值/[W·(m²·℃)⁻¹] | $K_\tau$ 计算值/[W·(m²·℃)⁻¹] |
|---|---|---|---|---|---|
| 新汶孙村矿 | | | | | |
| 进风斜井 | | | 砂岩 | 0.90 | 0.64 |
| -210 进风大巷 | | | 砂岩 | 3.69 | 0.54 |
| -600 暗斜井 | | | 砂岩 | 0.63 | 0.58 |
| -600 进风大巷 | | | 砂岩 | 0.50 | 0.70 |
| 采区进风巷 | | | 砂岩 | 2.50 | 0.72 |

表 2-2（续）

| 测试地点 | 巷道长 $L$/m | 周长 $U$/m | 岩性 | $K_\tau$ 实测值/[W·(m²·℃)⁻¹] | $K_\tau$ 计算值/[W·(m²·℃)⁻¹] |
|---|---|---|---|---|---|
| -800 进风巷 | | | 砂岩 | 0.54 | 0.73 |
| 采区回风道 | | | 砂岩 | 5.72 | 0.86 |
| 回采工作面 | | | 煤，页岩 | 2.98, 3.28, 6.7 | 3.56 |
| 千米井底车场 | 370 | 16.74 | 砂岩 | 0.30 | 0.66 |
| -800 石门 | 910 | 15.36 | 砂岩 | 0.14 | 0.67 |
| -800 采区进风 | 240 | 11.96 | 煤，页岩 | 0.35 | 0.72 |
| 运输平巷 | 730 | 10.6 | 煤，页岩 | 0.74 | 0.72 |
| 潘西矿：井筒 | | | 砂岩 | 0.54 | 0.64 |
| 梧桐庄矿 | | | | | |
| 南运输大巷 | 274 | 15.7 | 凝灰岩 | 0.46 | 0.65 |
| 南一轨道巷 | 280 | 11.0 | 砂岩 | 2.06 | 0.86 |
| 北运输大巷 | 500 | 14.6 | 砂岩 | 0.54 | 0.58 |
| 2102 面开切眼 | 155 | 14.1 | 煤，砂岩 | 0.57 | 0.80 |
| 合山里兰矿 | | | | | |
| 主斜井 | 552 | 10.6 | 凝灰岩 | 1.65 | 1.02 |
| 北大巷 | 227 | 13.0 | 石灰岩 | 1.40 | 0.72 |
| 8224 采面 | 153 | 19.0 | 煤，石灰岩 | 7.15 | 0.67 |
| 8225 采面 | 57 | 15.6 | 煤，石灰岩 | 7.59 | 0.95 |
| 淮南九龙岗矿 | | | | | |
| -730 东半石门 | 300 | 10.2 | 细砂岩 | 1.73 | 0.50 |
| -830 西运道 | 440 | 7.5 | 细砂岩 | 5.26 | 0.73 |
| 丰城建新矿 | | | | | |
| 副井井筒 | 780 | 7.4 | 粗砂岩 | 1.34 | 0.77 |
| 中央石门 | 392 | 10.2 | 粗砂岩 | 1.29 | 0.67 |
| 西大巷 | 285 | 9.7 | 细砂岩 | 3.33 | 0.79 |
| 北票台吉矿 | | | | | |
| 西大巷 | 1195 | 14.9 | 砾岩 | 3.80 | 0.58 |
| 西一下山 | 194 | 9.9 | 砾岩 | 2.77 | 0.94 |

注：计算值按式（2-13）计算，统计巷道对的围岩是砂岩、页岩、石灰岩，其他物理性质的影响反映在常数项里。

【例题 2-1】某矿井的进风大巷：$L=100$ m，$U=12.2$ m，$\tau=7200$ h，$R_0=1.8$ m，$S=10$ m²，$t_{gu}=35$ ℃，$t_m=25$ ℃；$M_B=25$ kg/s；$a=0.00814\times10^{-4}$ m²/s；$\lambda=1.744$ W/(m²·℃)；$c=0.897$ kJ/(kg·℃)；$\rho=2577$ kg/m³。分别计算通风时间为 10 个月和 5 年时围岩的放热量。

**解** （1）通风时间为 10 个月时：

$$Fo=\frac{0.00814\times10\times30\times24\times3600}{1.8^2\times10^4}=6.512$$

$$\alpha=3.885\frac{2.2\times25^{0.8}\times12.2^{0.2}}{10}=18.5\ \mathrm{W/(m^2\cdot{}^\circ C)}$$

$$Bi=\frac{18.5\times1.8}{1.744}=19.094$$

$$z=(19.094+0.375)\sqrt{6.512}=49.68$$

根据 $z$ 值查表 2－1 得 $f(z)=0.9887$，故有：

$$K_\tau=18.5\times\left[1-\frac{19.094}{19.094+0.375}\times0.9887\right]=0.56\ \mathrm{W/(m^2\cdot{}^\circ C)}$$

$$Q_{gu}=0.56\times12.2\times100\times(35-25)=6832\ \mathrm{W}$$

（2）通风时间为 5 年时：

$$K_\tau=\frac{1}{1+\frac{1.744}{2\times18.5\times1.8}}\left[\frac{1.744}{2\times1.8}+\frac{1.1284\sqrt{1.744\times0.897\times10^{-3}\times2577}}{2\sqrt{5\times365\times24\times3600}\left(1+\frac{1.744}{2\times18.5\times1.8}\right)}\right]$$

$$=0.47\ \mathrm{W/(m^2\cdot{}^\circ C)}$$

$$Q_{gu}=0.47\times12.2\times100\times(35-25)=5734\ \mathrm{W}$$

## 第四节　机电设备放热

随着采矿工程机械化、自动化和集中化水平的提高，机电设备的容量急剧加大。因此，机电设备运转时放热将成为导致温升的主要因素之一，特别是在回采工作面，其影响更为突出。

1. 采掘机械运转时放热

采掘机械从馈电线路上接收的电能几乎全部转换为热能，但实际观测表明，仅有 80% 的热量传给风流，因为有一部分热量被运输的矿岩带走了。在风流吸收的 80% 热量中，有 75%～90% 是以潜热的形式（水分蒸发）传递的。因此，采掘机械的放热量 $Q_{\mathrm{cj}}$ 为

$$Q_{\mathrm{cj}}=0.8K_{\mathrm{cj}}N_{\mathrm{cj}}\tag{2-15}$$

式中　$Q_{\mathrm{cj}}$——采掘机械的放热量，kW；

$K_{\mathrm{cj}}$——设备的时间利用系数，它等于每日实际工作时间（时）被 24 除；

$N_{\mathrm{cj}}$——采掘机械电机消耗的功率，kW。

实际用于风流温升的热量仅为设备放热量的 15%～25%，故由于采掘机械设备放热量而引起的风流温升为

$$\Delta t=0.15K_{\mathrm{cj}}\frac{N_{\mathrm{cj}}}{c_pM_{\mathrm{B}}}\tag{2-16}$$

2. 提升设备工作时放热量

在提升机械消耗的电能中，一部分对提升的物料增大位能做有用功，另一部分则以热的形式散失。提升设备工作放热量 $Q_t$ 为

$$Q_t=(1-\eta_t)K_tN_t\tag{2-17}$$

式中　$Q_t$——提升设备工作放热量，kW；

$\eta_t$——提升机工作效率；

$K_t$——提升机时间利用系数；

$N_t$——设备功率。

3. 变压器工作时放热量

变压器工作时放热量 $Q_b$ 为

$$Q_b = k_b N_b \quad (2-18)$$

式中 $Q_b$——变压器工作时放热量，kW；

$k_b$——矿井下变压器的平均热损失率，$k_b = 0.05$；

$N_b$——变压器功率，kW。

4. 水泵工作时放热量

在输给水泵的电能中，绝大部分用于提高水的位能，仅有小部分消耗在摩擦放热上。当水向下流动，水温为 30 ℃时，每下降 100 m，水的温升为 0.022 ℃；当水温为 3 ℃时，温升极小，可以忽略不计。据国内外观测资料的统计分析，水泵对水的加热量 $Q_{sh}$ 为

$$Q_{sh} = 0.2879 N_{sh} \quad (2-19)$$

或

$$Q_{sh} = 0.2879 \frac{H_{sh} V_{sh}}{\eta_{sh}} \quad (2-20)$$

引起水的温升 $\Delta t$ 为

$$\Delta t = 0.2879 \frac{H_{sh}}{\eta_{sh} \rho_{sh} c_{sh}} \quad (2-21)$$

式中 $Q_{sh}$——水泵对水的加热量，kW；

$N_{sh}$——水泵功率，kW；

$H_{sh}$——水泵扬程，kPa；

$V_{sh}$——流量，$m^3/s$；

$\rho_{sh}$——密度，$kg/m^3$；

$C_{sh}$——比热，kJ/(kg · ℃)；

$\eta_{sh}$——水泵效率，一般为 0.6～0.85。

水泵工作时对空气的加热量很小，可以忽略不计。

5. 通风机工作时放热量

从热力学的概念来说，通风机并不做有用功，所以电动机所消耗的电能全部转换为热能并传给风流。

通风机对风流的加热量 $Q_V$ 为

$$Q_V = 0.564 N_B \quad (2-22)$$

通风机引起的风流温升 $\Delta t_B$ 为

$$\Delta t_B = (28 \sim 34) \frac{N_B}{Q_B} \quad (2-23)$$

式中 $Q_V$——通风机对风流的加热量，kW；

$N_B$——通风机功率，kW；

$Q_B$——通风机的风量，$m^3/min$。

6. 电机车工作时放热量

电机车工作时放热量 $Q_e$ 为

$$Q_e = \frac{1}{\tau} L A_c k_e \tag{2-24}$$

式中 $Q_e$——电机车工作时放热量，kW；

$\tau$——每日运输时间，h；

$L$——运输距离，km；

$A_c$——运输量，t/d；

$k_e$——吨千米能耗量，$k_e = 0.15 \sim 0.25$ kW·h/(t·km)。

7. 电动机运转时放热量

电动机运转时放热量 $Q_E$ 为

$$Q_E = N_i(1 - \eta_E) k_t \tag{2-25}$$

式中 $Q_E$——电动机运转时放热量，kW；

$N_i$——电动机功率，kW；

$\eta_E$——电动机效率；

$k_t$——时间利用系数。

8. 蓄电池机车运行时的放热量

蓄电池机车运行时的放热量 $Q_{xd}$ 为

$$Q_{xd} = K_{xd} k_t N_{xd} \tag{2-26}$$

式中 $Q_{xd}$——蓄电池机车运行时的放热量，kW；

$K_{xd}$——修正系数，可取 1.5；

$N_{xd}$——设备功率，kW。

## 第五节 矿井运输放热

煤炭及矸石在井下运输过程中，将同周围风流发生强烈的热交换，其换热强度取决于煤炭及矸石同风流的温差、运输线路的长度和运输量。

据测定，在高产工作面的长距离运输巷道里，这种放热量可达 230 kW 或更高一些，运输中的煤炭及矸石放热量计算式如下。

皮带或链板输送机运输时煤炭及矸石的放热量 $Q_{yk}$ 为

$$Q_{yk} = G_k c_k \Delta t_{yk} \tag{2-27}$$

矿车运输时煤炭及矸石的放热量 $Q_u$ 为

$$Q_u = G_k c_k \Delta t_u \tag{2-28}$$

式中 $Q_{yk}$——皮带或链板输送机运输时煤炭及矸石的放热量，kJ/s；

$Q_u$——矿车运输时煤炭及矸石的放热量，kJ/s；

$G_k$——煤炭及矸石的运输量，kg/s；

$c_k$——煤炭或矸石的比热容，kJ/(kg·℃)；

$\Delta t_{yk}$，$\Delta t_u$——皮带运输和矿车运输时的温度差，℃。

其中

$$\Delta t_{yk} = 0.0024L^{0.8}(t_{yk} - t_f) \tag{2-29}$$

$$\Delta t_u = 0.0008L^{0.7}(t_{yk} - t_a) \tag{2-30}$$

式中　$t_a$，$t_f$——运输线路上的风流干、湿球温度,℃；

$t_{yk}$——运输线路上煤矸的平均温度,℃，其取值方法见表2－3。

表2－3　运输线路上煤矸的平均温度　℃

| $t_{yk}$ | $t_{gu} \leqslant 40$ ℃ | $t_{gu} \leqslant 50$ ℃ | $t_{gu} \leqslant 60$ ℃ |
|---|---|---|---|
| 采掘工作面未实施降温时 | $t_{gu} - 2$ | $t_{gu} - 4$ | $t_{gu} - 6$ |
| 采掘工作面实施降温时 | $t_{gu} - 6$ | $t_{gu} - 8$ | $t_{gu} - 10$ |

注：$t_{gu}$—采掘工作面的原始岩温,℃。

实测表明，由于运输过程中洒水灭尘的降温作用，致使运输过程中的煤矸放热量仅有60%～80%被风流吸收，其中用于温升的显热增量占10%～20%，余下的热量用于蒸发水分。因此，风流的干球温升$\Delta t_a$为

$$\Delta t_a = 0.7 \times 0.15 \times \frac{Q_{yk}}{M_B c_p} \tag{2-31}$$

含湿量增量$\Delta d$为

$$\Delta d = 0.7 \times 0.85 \frac{Q_{yk}}{M_B r} \tag{2-32}$$

式中　$\Delta t_a$——风流的干球温升,℃；

$M_B$——通过巷道的风量，kg/s；

$c_p$——空气的定压比热，kJ/kg；

$\Delta d$——含湿量增量，kg/kg；

$r$——水的汽化潜热，kJ/kg。

因此，矿车运输煤炭及矸石的放热量$Q_u$也可表示为

$$Q_u = S_B(K_{gu}n_{gu}\Delta t_{gu} + K_y n_y \Delta t_y) \tag{2-33}$$

式中　$S_B$——矿车的水平放热面积，$m^2$；

$n_{gu}$，$n_y$——装矸石与装煤的矿车数；

$\Delta t_{gu}$，$\Delta t_y$——矸石、煤与风流的温差,℃；

$K_{gu}$，$K_y$——矸、煤冷却时的传热系数，kW/($m^2$·℃)，可参考如下经验值：运矸石时，$K_{gu}=20.2\sim28.0$ W/($m^2$·℃)；运煤时，$K_y=33.4\sim42.7$ W/($m^2$·℃)。

## 第六节　热水的放热

井下涌水、渗水和淋水同风流间的热湿交换是相当复杂的，有些参量是无法准确确定的，这是影响矿井热力计算精度的主要因素。

根据热力学原理，若已知巷道中的涌水量及水的初温和终温时，可用下式计算此段巷道水的放热量$Q_w$：

$$Q_w = M_w c_w (t_{w1} - t_{w2}) \tag{2-34}$$

式中 $Q_w$——巷道水的放热量，kW；

$M_w$——巷道内涌水量，kg/s；

$c_w$——水的比热容，4.1868 kJ/(kg·℃)；

$t_{w1}$，$t_{w2}$——水的初温和终温，℃。

在一般情况下，矿井涌水的温度是比较稳定的，在岩溶地区一般水温同该地原始岩温相差不大。涌水的放热使流经巷道的风流增热量 $Q_{wB}$ 为

$$Q_{wB} = M_B c_p (t_{w1} - t_{w2}) \tag{2-35}$$

式中 $Q_{wB}$——涌水的放热使流经巷道的风流增热量，kW；

$M_B$——风量，kg/s；

$c_p$——空气的比热容，1.005 kJ/(kg·℃)；

$t_{w1}$，$t_{w2}$——水的初温和终温，℃。

但是，水同风流在换热的同时，势必要引起水分的蒸发和凝结。因此，在计算涌水放热量的同时，还必须考虑潜热的交换。考虑潜热交换的水放热量计算包括以下 3 种情况。

1. 水和空气直接接触的放热量

当水和空气直接接触时，在接近水面和水滴表面的周围，由于水分子不规则热运动的结果，形成了一个饱和空气的边界层，其温度等于水的表面温度。在周围空气和边界层之间，若存在水蒸气分压力差（即水蒸气分子浓度差），水蒸气分子就会由分压力高的区域向分压力低的区域转移，从而产生了换质（湿）过程，其换湿量 $G_w$ 为

$$G_w = \beta_1 S_w (p_b - p_w) \tag{2-36}$$

式中 $G_w$——换湿量，kg/s；

$p_b$——相当于水的表面温度时饱和蒸汽压力，Pa；

$p_w$——空气中的水蒸气分压力，Pa；

$S_w$——水的放热表面积，$m^2$；

$\beta_1$——水和空气间在水蒸气分压力差作用下的传质系数：

$$\beta_1 = \beta / r$$

$r$——水的汽化潜热，kJ/kg；

$\beta$——潜热交换系数，J/(s·N)(W/Pa·$m^2$)：

$$\beta = 0.0846 + 0.0262 v_B$$

$v_B$——风速，m/s。

在水表面和空气间分压力差较小时，其换湿量 $G_w$ 为

$$G_w = \sigma (d - d_b) S_w \tag{2-37}$$

式中 $\sigma$——水和空气间含湿量差引起的换质系数，kg/($m^2$·s)；

$$\sigma = \alpha / c_p$$

$\alpha$——放热系数，W/($m^2$·℃)；

$d$——周围空气的含湿量，kg/kg；

$d_b$——水表面边界层里饱和空气含湿量。

水和空气间的显热交换量 $Q_{wx}$ 为

$$Q_{wx} = \alpha S_w (t_b - t_B) \tag{2-38}$$

式中 $Q_{wx}$——水和空气间的显热交换量，W；

$\alpha$——放热系数，W/(m$^2$·℃)；

$t_b$——水的表面温度（边界层空气温度），℃；

$t_B$——巷道中风流温度，℃。

水和空气间的潜热交换量 $Q_{wq}$：

$$Q_{wq}=\beta(p_b-p_w)S_w=r\sigma(x-x_b)S_w \tag{2-39}$$

水和空气间总的换热量 $Q_{wB}$：

$$Q_{wB}=\alpha S_w(t_b-t_B)+\beta S_w k_B(p_b-p_w) \tag{2-40}$$

式中 $k_B$——气压修正系数。

$$k_B=\frac{101.325}{p}$$

刘易斯关系式（比定压热容 $c_p$ 和比定容热容 $c_V$ 及气体常数 $R$ 之间的关系）：

$$c_p-c_V=R \tag{2-41}$$

根据式（2-39）、式（2-40）和式（2-41）的分析，式（2-35）可变为

$$Q_{wB}=\sigma(i-i_b)S_w \tag{2-42}$$

式中 $i$——周围空气的比焓，J/kg；

$i_b$——边界层空气的比焓，J/kg。

2. 水在有盖板水沟中的放热量（间接换热）

水在有盖板水沟中的放热量（间接换热）$Q_{wb}$ 为

$$Q_{wb}=K_w S_{sg}(t_w-t_B) \tag{2-43}$$

其中 $K_w$ 为

$$K_w=\frac{1}{\dfrac{1}{\alpha_1}+\dfrac{\delta}{\lambda}+\dfrac{1}{\alpha_2}} \tag{2-44}$$

$$\alpha_1=B_2\frac{(\rho_w v_w)^{0.8}}{D_0^{0.2}} \tag{2-45}$$

$$\alpha_2=3.885\frac{\varepsilon M_B^{0.8}U^{0.2}}{S}+\beta\frac{(p_{w0}-p_{wB})r}{t_0-t_B} \tag{2-46}$$

式中 $Q_{wb}$——水在有盖板水沟中的放热量，W；

$\alpha_1$，$\alpha_2$——水对盖板和盖板对空气的放热系数，W/(m$^2$·℃)；

$\delta$——盖板的厚度，m；

$\lambda$——热导率，W/(m·℃)；

$\rho_w$——水的密度，kg/m$^3$；

$v_w$——流速，m/s；

$D_0$——水沟的当量直径，m；

$$D_0=1.128\sqrt{S_g}$$

$S_g$——水沟断面积，m$^2$；

$S_{sg}$，$S$——水沟盖板的放热面积和巷道的断面积，m$^2$；

$t_w$——水温，℃；

$U$——巷道周长，m；

$p_{w0}$，$p_{wB}$——巷道壁温 $t_0$ 时和风温 $t_B$ 时的水蒸气分压力，Pa；

$r$——水的汽化潜热，2501 kJ/kg；

$M_B$——风量，kg/s；

$\varepsilon$——巷道壁材粗糙度系数：光滑壁为1；大巷为1.00～1.65；平巷为1.65～2.50；锚喷巷道为1.65～1.75；有支柱巷道为2.20～3.10；回采工作面为2.50～3.10；

$B_2$——值取决于水的温度，见表2－5；

$K_w$——有盖板的水沟中水的放热系数，W/(m²·℃)。

不同盖板材料的热导率 $\lambda$ 见表2－4。

表2－4　不同盖板材料的热导率　　W/(m²·℃)

| 材料名称 | 硬质聚氯乙烯板 | 石棉砖 | 混凝土 | 矿渣混凝土 | 泡沫混凝土 | 木材 |
|---|---|---|---|---|---|---|
| 热导率 | 0.035～0.043 | 0.15 | 0.93～1.28 | 0.46～0.70 | 0.14～0.17 | 0.23 |

表2－5　不同水温所对应的 $B_2$ 值

| 水温 $t_w$/℃ | 0 | 20 | 40 | 60 |
|---|---|---|---|---|
| $B_2$ | 5.71 | 7.50 | 9.17 | 10.81 |

粗略计算时，放热系数 $\alpha_2$ 为

$$\alpha_2 = 3.885\frac{\varepsilon M_B^{0.8}U^{0.2}}{S} + 173.316 \times 2501 \times 10^3\beta_{sz} \tag{2-47}$$

式中　$\beta_{sz}$——散质系数，kg/(s·m²·Pa)；

散质系数 $\beta_{sz}$ 的取值范围见表2－6。

表2－6　不同地点的散质系数 $\beta_{sz}$

| 地点 | 井筒 | 主要大巷和运输道 | 回采工作面 |
|---|---|---|---|
| $\beta_{sz}$ | $0.208\times10^{-7}$ | $0.3125\times10^{-7}$ | $(0.208\sim0.833)\times10^{-7}$ |

$\beta_{sz}$ 可按式（2－48）计算：

$$\beta_{sz} = 0.3125 \times 10^{-7}\frac{M_B^{0.8}U^{0.2}(273 + t_B)}{Sp} \tag{2-48}$$

式中　$p$——大气压力，Pa。

3. 水在管道中的放热量

热水管道对风流的加热量 $Q_T$ 为

$$Q_T = M_w c_w(t_{w1} - t_{w2}) \tag{2-49}$$

或

$$Q_T = K_T \pi D_w L(t_{w1} - t_B) \tag{2-50}$$

未隔热管道：

$$K_T = 2.7279\left(1 + 0.0218\frac{p_{bw} - \varphi p_{bB}}{t_{wH} - t_B}\right)v_B^{0.8} \tag{2-51}$$

$$K_T = 15 \sim 25$$

隔热管道，忽略管壁热阻时：

$$K_T = \frac{1}{\frac{D_w}{2\lambda_u}\ln\frac{D_w}{D_w - 2\delta_u} + \frac{D_w^{0.2}}{3.66v_B^{0.8}}} \tag{2-52}$$

在外面有冷凝水出现时：

$$K_T = \frac{1}{\frac{1}{\alpha_1 \xi} + \frac{D_w}{2\lambda_u}\ln\frac{D_w}{D_w - 2\delta_u} + \frac{1}{\alpha_2}\frac{D_w}{D_w - 2\delta_u}} \tag{2-53}$$

考虑管壁热阻时：

$$K_T = \frac{1}{\frac{1}{\alpha_1} + \frac{D_3}{2\lambda_u}\ln\frac{D_3}{D_2} + \frac{D_2}{2\lambda_f}\ln\frac{D_2}{D_1}} \tag{2-54}$$

管道外壁对风流的放热系数 $\alpha_1$ 为

$$\alpha_1 = 3.66v_B^{0.8}/D_w^{0.2} \tag{2-55}$$

管道壁对水的放热系数 $\alpha_2$ 为

$$\alpha_2 = (1423.8 + 19.32t_w)\frac{v_w^{0.8}}{D_i^{0.2}} \tag{2-56}$$

式中 $Q_T$——热水管道对风流的加热量，W；

$K_T$——隔热管道的传热系数，W/(m$^2$·℃)；

$M_w$——水量，kg/s；

$c_w$——水的比热，J/(kg·℃)；

$t_{w1}$，$t_{w2}$，$t_w$——水的初温、终温和平均温度，℃；

$D_w$，$D_i$，$L$——管道的外径、内径和长度，m；

$t_B$——风流的平均温度，℃；

$p_{bw}$，$p_{bB}$——平均水温 $t_w$ 时和平均风温 $t_B$ 时的饱和蒸汽压力，Pa；

$v_B$，$v_W$——风速和水速，m/s；

$\delta_u$——隔热材料的厚度，m；

$\lambda_u$——隔热材料的热导率，W/(m$^2$·℃)；

$\xi$——析湿系数；

$$\xi = \frac{\Delta i}{c_p \Delta t}$$

$\Delta i$，$\Delta t$——焓差和温差；

$D_1$，$D_2$，$D_3$——隔热管道的内径、外径和隔热层外径，m；

$\lambda_f$——内管管壁的热导率，W/(m$^2$·℃)。

根据德国矿山研究院的测试资料：隔热管道的传热系数 $K_T$ 在管道接头隔热时为 1.5 W/(m$^2$·℃)，不隔热时为 3.5 W/(m$^2$·℃)。

## 第七节 其 他 热 源

### 一、氧化放热

在煤矿井下，煤炭及其他可燃物的氧化放热是一个非常复杂的过程，而且氧化的面积也非常大，一般很难将煤矿井下氧化放热量同井巷围岩的放热量区分开来；此外，煤炭和围岩或多或少吸收或吸附着一些二氧化碳，而且是在不停地释放出来，所以也无法依据巷段里的空气的二氧化碳含量增量来计算该巷段的煤炭氧化量。

巷道围岩的氧化放热量 $Q_O$ 为

$$Q_O = 0.7 q_O v_B^{0.8} LU \tag{2-57}$$

式中 $Q_O$——氧化放热量，kW；

$q_O$——折算到巷道中风速为 1 m/s 时的氧化放热量，kW/m²；

$v_B$——巷道中的风速，m/s。

不同的矿井，不同的煤层 $q_0$ 值变化较大；

在运输平巷中：$q_O = 0.00256 \sim 0.01256$ kW/m²；

在回采面中：$q_O = 0.00128 \sim 0.01047$ kW/m²。

煤炭的氧化放热并不能对井下的气候环境造成显著的影响。但当煤层顶、底板或煤层中含有大量的硫化铁时，其氧化放热量可达到相当可观的程度。在一般情况下，一个回采面的氧化放热量很少超过 30 kW。

### 二、火药爆炸时放热

在井下作业地点同时爆炸 100 kg 火药以下时，其爆炸放热量 $Q_{bz}$ 可以忽略不计，爆炸放热量 $Q_{bz}$ 为

$$Q_{bz} = 0.14 G_h \tag{2-58}$$

式中 $Q_{bz}$——爆炸放热量，kW；

$G_h$——作业地点每班火药耗量，kg。

### 三、水泥水化时放热

硅酸盐水泥为低水化热，矿渣水泥为高水化热，硅酸盐水泥放热量 $Q_{sn}$ 为

$$Q_{sn} = q_{sn} UL \tag{2-59}$$

式中 $Q_{sn}$——硅酸盐水泥放热量，kW；

$q_{sn}$——水泥水化时，单位面积放热量，混凝土碹为 0.015 ~ 0.016 kW/m²，锚喷时为 0.00725 ~ 0.0154 kW/m²；

$L$，$U$——一个循环打混凝土碹的长度和巷道周长，m。

### 四、矿内火灾时放热

当井下发生火灾时，根据火势的强弱及范围的大小，可能形成大小不等的热源，但它

一般只是个短期现象，在隐蔽的火区附近，则有可能使局部岩温上升。在矿井正常生产的情况下，无火灾影响。

### 五、人体放热

井下工作人员的放热量主要取决于他们所从事工作的繁重程度和持续时间，不同劳动强度的能量代谢率见表 2－7。

表 2－7　不同劳动强度的能量代谢率

| 人体状态 | 休息时 | 轻度劳动 | 中等劳动 | 繁重劳动 |
| --- | --- | --- | --- | --- |
| 能量代谢量 $q_R$/(W·人$^{-1}$) | 90～115 | 250 | 275 | 470 |

矿工在劳动时的放热量 $Q_R$ 可用式（2－60）近似计算：

$$Q_R = k_R q_R N \qquad (2-60)$$

式中　$Q_R$——矿工在劳动时的放热量，W；

$k_R$——矿工同时工作系数，一般为 0.5～0.7；

$q_R$——矿工劳动时单位面积放热量，$W/m^2$；

$N$——作业地点的总人数。

虽然可以根据在一个工作地点工作人员数及其劳动强度、持续时间计算出他们的总放热量，但其量甚小，一般不会对井下的气候条件产生显著影响，故可略不计。

## 思　考　题

1. 矿井的主要热源包括哪些？
2. 相对热源和绝对热源的概念？
3. 不稳定换热系数的概念及计算方法是什么？
4. 井巷围岩与风流间的传热量如何计算？

# 第三章　矿井空气及热环境评估

## 第一节　矿　井　空　气

地面空气进入矿井以后即称为矿井空气。在采矿工程活动与矿内环境的作用下，使空气的组成和性质发生了较大的变化。尤其是在深部开采时，矿井空气通过井巷同围岩和其他环境因素发生强烈的热湿交换，致使矿内气候条件恶化，产生高温热害。

### 一、矿井空气的主要成分

正常的地面空气进入矿井后，当其成分与地面空气成分相同或相差不大时，称为矿内新鲜空气。在采矿工程活动中，产生了各种有毒有害物质，使矿内空气受到污染，其成分发生了一系列的变化。其表现为：含氧量降低，甲烷和二氧化碳增加，并混入了粉尘和有毒有害气体（如 CO、$NO_2$、$H_2S$、$SO_2$ 等），空气的温度、湿度和压力等也发生了变化。这种充满在矿内巷道中的各种气体、粉尘和杂质的混合物，统称为矿内污浊空气。

矿内空气的主要成分为氧、氮、二氧化碳和甲烷，而氮为惰性气体，在矿内变化很小，二氧化碳和甲烷在煤矿中是普遍存在的。

（1）氧。氧来自于地面新鲜空气，为无色、无味的气体，密度为 1.11 $kg/m^3$。它是一种非常活跃的元素，能与许多元素起氧化反应，能帮助物质燃烧和供人与动物呼吸，是空气中不可缺少的气体。

当氧与其他元素化合时，一般是发生放热反应，放热量取决于参与反应的物质和生成物质的量与成分，而与反应速度无关。当反应速度缓慢时，所放出的热量往往被周围物质所吸收，而无明显的热力变化现象。

人体维持正常的生理过程所需的氧量，取决于人的体质、神经与肌肉的紧张程度，休息时需氧量为 0.25 L/min，工作和行走时为 1～3 L/min。《煤矿安全规程》第一百三十五条规定："采掘工作面的进风流中，氧气浓度不低于 20%"。

（2）二氧化碳。二氧化碳的主要来源是井下一切物质的缓慢氧化从地层中涌出、人员呼吸、爆破工作、火区自燃、火灾、沼气、煤尘爆炸等。

二氧化碳是无色略带酸臭味的气体，密度为 1.977 $kg/m^3$，是一种较重的气体，很难与空气均匀混合，故常积存在巷道的底都，在静止的空气中有明显的分界线。二氧化碳不助燃，也不能供人呼吸，易溶于水，生成碳酸，使水溶液成弱酸性，对眼、鼻和喉黏膜有刺激作用。

二氧化碳对人的呼吸有刺激作用，当肺气泡中二氧化碳增加 2% 时，人的呼吸量就增加一倍。二氧化碳的生成量增加，使血液酸度加大，刺激神经中枢，因而引起频繁呼吸。在对中毒人员抢救时，最好首先使其吸入含有 5% 二氧化碳的氧气，以增加肺部的呼吸。

我国《煤矿安全规程》规定，采掘工作面的进风流中，二氧化碳浓度不超过 0.5%。

矿井总回风巷或者一翼回风巷中二氧化碳浓度超过 0.75% 时，必须立即查明原因，进行处理。采掘工作面风流中二氧化碳浓度达到 1.5% 时，必须停止工作，撤出人员，查明原因，制定措施，进行处理。

（3）瓦斯（$CH_4$）。瓦斯来源于地层（煤或岩）中涌出和压气机中油料高温分解等，无色、无味，密度为 0.554 kg/m$^3$。遇 650 ℃明火能被引燃，在体积浓度为 5% ~16% 的范围内，遇明火能爆炸，9.5% 时爆炸力最强。瓦斯虽然无毒，但是当矿井空气中的瓦斯浓度较高时，相对降低空气中氧的含量，因缺氧而引起人员窒息。

我国颁布的《煤矿瓦斯等级鉴定暂行办法》中的第七条把矿井瓦斯等级划分为煤（岩）与瓦斯（二氧化碳）突出矿井（简称突出矿井）、高瓦斯矿井和瓦斯矿井。瓦斯矿井每 2 年进行一次瓦斯等级鉴定。

（4）一氧化碳（CO）。一氧化碳是无色、无味的气体，密度为 0.967 kg/m$^3$，能均匀地散布于空气中，不易察觉，微溶于水，一般化学性质不活泼，但浓度在 13% ~75% 时能引起爆炸，30% 时爆炸力最强，能燃烧。井下一氧化碳主要来源于爆破工作、火区自燃、火灾、煤尘爆炸、润滑油高温分解。

我国《煤矿安全规程》规定矿井一氧化碳的最高允许浓度不大于 0.0024% 。

（5）其他有毒有害气体。在煤矿生产中产生的其他有毒有害气体有炮烟、废气、硫化氢（$H_2S$）、火灾气体、二氧化硫（$SO_2$）、二氧化氮（$NO_2$）、氢气（$H_2$）、氮气（$N_2$）、氨气（$NH_3$）、氧化氮（$NO_3$）等，当在开采含铀、钍伴生的矿床时，还必须注意对空气中的放射性气体氡的防护。

（6）水蒸气（$H_2O$）。除盐矿外，一般矿井内空气是相当潮湿的，但湿空气中水蒸气的含量仍然是较少的，它主要来源于岩层和矿内涌水的蒸发。水蒸气是无色、无味的，它的相对密度为 0.622 kg/m$^3$。

水蒸气对空气的状态变化影响很大，它可以引起空气潮湿程度的改变，又会使湿空气的性质随之变化，并且对人体的舒适、降温效果、降温耗能量和设备的维护产生直接的影响。

根据《煤矿安全规程》规定，各种有害气体和物质的安全浓度及主要来源见表 3－1。

表3－1 矿井污染物安全浓度

| 成分 | 安全浓度 | | 主要来源 |
|---|---|---|---|
| | 体积浓度/% | 质量浓度/(mg·m$^{-3}$) | |
| $CH_4$ | ≤0.5 | ≤3571.4 | 煤岩体释放 |
| $CO_2$ | ≤0.5 | ≤9821.4 | 有机物氧化、爆破、煤炭自燃氧化、煤岩体释放 |
| CO | ≤0.0024 | ≤30 | 爆破、煤炭自燃氧化 |
| $NO_2$ | ≤0.00025 | ≤5 | 爆破 |
| $SO_2$ | ≤0.0005 | ≤15 | 含硫矿物氧化、含硫矿层涌出 |
| $H_2S$ | ≤0.00066 | ≤10 | 含硫矿物水化、有机物腐烂、煤体释放 |
| $NH_3$ | ≤0.004 | ≤30 | 火灾、爆炸 |
| $H_2$ | ≤0.5 | ≤44.64 | 火灾、爆炸、充电硐室 |

表3-1（续）

| 成分 | 安全浓度 | | 主要来源 |
|---|---|---|---|
| | 体积浓度/% | 质量浓度/($mg \cdot m^{-3}$) | |
| 浮沉 | 含 $SiO_2$ 10% 以上 | ≤2 | 采掘作业、运输转载、风流吹动 |
| | 含 $SiO_2$ 10% 以上 | ≤10 | |
| 温度 | 煤矿采掘工作面不超过 26 ℃，机电硐室不超过 30 ℃ | | 围岩放热、机电设备、热水、爆破、氧化 |

## 二、矿井空气的基本参数

研究矿井降温首先必须掌握的是矿内空气的基本参数及其变化特征，即空气的温度、压力、湿度、密度、风速及焓等。

1. 温度

温度是矿井表征气候条件的主要参数之一。《煤矿安全规程》第六百五十五条规定：当采掘工作面空气温度超过 26 ℃、机电设备硐室超过 30 ℃时，必须缩短超温地点工作人员的工作时间，并给予高温保健待遇。当采掘工作面的空气温度超过 30 ℃、机电设备硐室超过 34 ℃时，必须停止作业。

矿井通风一般处于离地表不深的地带，所以矿井通风空气的温度受地面气温的影响较大。矿井通风工程的深度越浅，受地面空气温度的影响越大。随着工程深度的增加，岩石与空气热交换充分，这一影响则逐渐减少。

矿井通风的空气温度除受地表温度影响外还受多种因素的影响。

（1）空气受到压缩或膨胀的影响。当空气沿井巷向下流动时，随着深度的增加，每下降 100 m，气温升高 1 ℃左右；当空气向上流动时，则因膨胀而吸热，平均每增高 100 m，气温下降 0.8 ~0.9 ℃。

（2）地下岩石温度的影响。空气进入矿井后，温度的变化取决于空气与岩层的温差和岩石的热导率。由于岩壁与空气的换热，岩壁附近的岩石原始温度场受到干扰，干扰的程度取决于岩石原始温度、通风的强度、通风时间、岩石热物理性质。巷道岩壁附近的岩石原始温度场受通风影响的扰动范围，称为巷道的“调热圈”，它的厚度一般可由几米到十几米，最厚可达 40 m 以上。矿井通风中空气温度变化受许多因素的影响，诸如季节、气温、雨量、地下含水层和地下水位、工程渗水以及矿井通风的部位等。

2. 压力

压力也是矿内空气的基本参数之一，与矿井降温相关的压力包括大气压力、矿井下的大气压力、水蒸气分压力、饱和水蒸气分压力和高山通风工程中的大气压力。

1）大气压力（$p_0$）

环绕地球的空气层对地球表面积所形成的压力叫做大气压力。其单位有 Pa，kPa；bar，mb 及 mmHg。其换算关系：1 mmHg = 133.322 Pa；1 bar = 100 kPa；1 个大气压力 = 100 kPa = $10^5$ Pa = 1 bar。

空气压力在矿井气候测量中主要用来确定风流密度 $\rho$：

$$\rho = \frac{100p_0}{R_f T} \tag{3-1}$$

式中　$\rho$——风流密度，$kg/m^3$；

$p_0$——大气压力，mbar；

$R_f$——湿空气气体常数，J/(kg·K)。

$T$——空气的温度，K。

$R_f$ 可通过少量精确的气候试验后作为常数使用。根据道尔顿定律，湿空气的气体常数可以根据式（3－2）计算：

$$R_f = \frac{R_a + 0.001dR_w}{1 + 0.001d} = \frac{287 + 0.461d}{1 + 0.001d} \tag{3-2}$$

式中　$R_a$——干空气气体常数，287J/(kg·K)；

$R_w$——水蒸气气体常数，461J/(kg·K)；

$d$——含湿量，kg/kg。

2）矿井下的大气压力（$p$）

矿内大气压力要高于地面大气压力，这是矿内微气候的一个基本特征，其与深度的函数关系可近似用以下各式表示：

$$p = p_0 + K_p H \tag{3-3}$$

或

$$p = p_0 + g\rho H \tag{3-4}$$

或

$$p = p_0 \exp(0.034H/T_B) \tag{3-5}$$

式中　$p_0$——矿井地面大气压力，kPa；

$K_p$——压力梯度，$K_p = 0.01133$(夏季)～0.01267(冬季)；

$H$——计算点水平距地表的深度，m；

$g$——重力加速度，$m/s^2$；

$T_B$——平均风流温度，K。

3）水蒸气分压力（$p_w$）

在湿空气中，水蒸气单独占有的湿空气的容积所产生的压力称为水蒸气分压力。湿空气是由干空气和水蒸气混合组成，则湿空气总压力为

$$p_w = p - p_a \tag{3-6}$$

式中　$p_w$——水蒸气分压力，kPa；

$p_a$——湿空气中干空气的分压力，kPa。

4）饱和水蒸气分压力（$p_b$）

在一定温度下，湿空气中含湿量达到最大限度时，此时湿空气处于饱和状态，$p_b$ 值可按空气温度值（$t$）在湿空气性质表中查出，也可以用下式计算：

$$p_b = 0.6105\exp\frac{17.275t}{237.3 + t} \tag{3-7}$$

5）高山通风工程中的大气压力（$p_z$）

$$p_z = p_0 - K_p \frac{\Delta Z}{100} \tag{3-8}$$

式中　$p_z$——通风工程中大气压力，kPa；

$K_p$——压力梯度，$K_p = 0.0008 \sim 0.00107$，kPa/m；

$\Delta Z$——测点与气象站的标高差，m。

3. 湿度

1）相对湿度（$\varphi$）

矿内风流是相当潮湿的，除盐矿外，矿内风流的相对湿度一般为85% ~100%，风流中水蒸气的含量较大。相对湿度 $\varphi$ 表示风流中所含水蒸气分压力 $p_w$ 与最大可能的蒸汽压力即饱和蒸汽压力 $p_b$ 的比值。饱和蒸汽压力也是干球温度的函数。

$$\varphi = \frac{p_w}{p_b} \tag{3-9}$$

绝大多数情况下相对湿度 $\varphi$ 用百分比表示：

$$\varphi = \frac{p_w}{p_b} \times 100\% \tag{3-10}$$

式中　$\varphi$——相对湿度,%。

矿井风流的相对湿度和绝对湿度在大多数情况下是可以测定的，一般可通过干球温度计和湿球温度计对风流的干球温度 $t_a$ 及湿球温度 $t_f$ 进行测定。湿球温度 $t_f$ 是最低温度值，这个值是干湿温度计在最潮湿及最有利于通风的条件下能测定的温度值，所以也可以看作是冷却温度的界限。

通过含湿量，相对湿度还可以表示为

$$\varphi = \frac{d}{d_b} \tag{3-11}$$

式中　$d$——含湿量，kg/kg；

$d_b$——饱和空气的含湿量（kg/kg 干空气）。

2）含湿量（$d$）

矿井风流是由干空气及水蒸气混合而成。常用含湿量 $d$ 表示空气湿度，含湿量为 1 kg 干空气中水蒸气的含量，单位为 kg/kg，则

$$d = \frac{m_w}{m_a} \tag{3-12}$$

式中　$d$——含湿量，kg/kg；

$m_w$——水蒸气质量，kg；

$m_a$——干空气质量，kg。

虽然矿井风流中水蒸气的含量仅占 0.5% ~2%，然而对矿井微气候却起着决定性的影响。含湿量的计算式还可通过式（3-14）计算：

$$p_w = p_b - 0.5(t_a - t_f)\frac{p}{755} \tag{3-13}$$

$$d = \frac{R_a}{R_w}\frac{p_w}{p - p_w} = 0.622 \times \frac{\varphi p_b}{p - \varphi p_b} \tag{3-14}$$

式中　$p_b$——湿球温度为 $t_f$ 时的饱和蒸气压，Pa；

$t_f$——空气湿球温度,℃；

$p$——空气压力，Pa。

含湿量还可表示为

$$d = k_B \varphi d_b = k_B \varphi (a_0 + a_1 t_a + a_2 t_a^2) \tag{3-15}$$

式中 $a_0$，$a_1$，$a_2$——常系数，不同温度区间所对应的常系数的值见表3-2；

$k_B$——气压修正系数，$k_B = 101.325/p$；

$p$——大气压力，kPa。

表3-2 不同温度区间所对应的常系数的值

| 气温 $t_a$/℃ | $a_0$ | $a_1$ | $a_2$ |
|---|---|---|---|
| 14~35 | 9.9297 | -0.4643 | 0.0345 |
| 30~45 | 47.0000 | -2.7800 | 0.0706 |
| 40~50 | 99.200 | -5.2600 | 0.1000 |

为了确定水蒸气含量 $d$ 及相对湿度 $\varphi$，其计算是烦琐的，因而有人用干湿温度计测定了数百个干球温度 $t_a$ 及湿球温度 $t_f$，并绘制成了焓湿曲线图，其使用方法在本节焓湿图的应用中介绍。

4. 空气的密度与比体积

单位体积空气所具有的质量称之为空气密度；反之，单位质量空气所具有的体积称为比体积。密度和比体积互为倒数关系。

（1）干空气的密度：

$$\rho_a = 0.00348 \frac{p - p_w}{T_B} \tag{3-16}$$

式中 $\rho_a$——干空气的密度，kg/m$^3$；

$T_B$——平均风流温度，K。

（2）湿空气的密度：

$$\rho_f = 0.00348 \frac{p}{T_B} - 0.00132 \frac{p_w}{T_B} \tag{3-17}$$

（3）高山上的空气密度：

$$p_z = \rho_0 \left(1 - \frac{Z}{44300}\right)^{4.256} \tag{3-18}$$

式中 $\rho_z$——高山上的空气密度，kg/m$^3$；

$\rho_0$——海平面的空气密度，kg/m$^3$；

$Z$——海拔高度，m。

5. 风速

风速是指矿内空气在单位时间内流动的距离，m/s 或 m/min。风速也同样是影响矿井气候的重要参数。美国的有效温度中考虑了干球温度、湿球温度和风速。

风速对气温起着调节作用。实践证明，在一定的气温条件下，有一适应的风速，见表3-3。

表3-3　气温与风速关系

| 气温/℃ | 15 | 15~18 | 18~20 | 20~23 | 23~26 |
|---|---|---|---|---|---|
| 风速/($m \cdot s^{-1}$) | 0.3~0.5 | 0.5~0.8 | 0.8~1.0 | 1.0~1.5 | 1.2~1.8 |

井巷中的风速过高或过低都会影响工人的身体健康。风速过低时，汗水不易蒸发，人体多余热量不易散失掉，人就会感到闷热不舒服，同时瓦斯也容易积聚；风速过高时，容易使人感冒，矿尘飞扬，对安全生产和工人的身体健康都不利。因此，《煤矿安全规程》规定了采掘工作面和各类井巷的最低、最高允许风流速度，见表3-4。

表3-4　井巷中允许风流速度

| 井巷名称 | 允许风速/($m \cdot s^{-1}$) | |
|---|---|---|
| | 最低 | 最高 |
| 无提升设备的风井和风硐 | | 15 |
| 专为升降物料的井筒 | | 12 |
| 风桥 | | 10 |
| 升降人员和物料的井筒 | | 8 |
| 主要进、回风巷 | | 8 |
| 架线电机车巷道 | 1.0 | 8 |
| 运输机巷，采区进、回风巷 | 0.25 | 6 |
| 采煤工作面、掘进中的煤巷和半煤岩巷 | 0.25 | 4 |
| 掘进中的岩巷 | 0.15 | 4 |
| 其他通风人行巷道 | 0.15 | |

6. 焓

焓是流体的内能和流动功之和，是流体的状态参数。在矿井降温工程中，湿空气的状态经常发生变化，因而需要经常地计算出在该状态变化过程中其热量的交换量。例如，在对空气进行加热或冷却时，就要计算出空气所吸收或放出的热量。在定压条件下，焓的差值等于它们的热交换量。

1 kg 干空气的焓和 $d$ kg 水蒸气的焓两者的和称为 $(1+d)$ kg 湿空气的焓。在一般情况下，往往取0 ℃时干空气的焓和0 ℃时的水蒸气的焓值为零，则湿空气的焓的描述式为

$$i = i_a + i_w d \tag{3-19}$$

式中　$i$——对应于1 kg 干空气的湿空气的焓，kJ/kg（干空气）；

$i_a$——1 kg 干空气的焓，kJ/kg；

$i_w$——1 kg 水蒸气的焓，kJ/kg；

$d$——空气含湿量，kg/kg（干空气）。

而

$$i_a = c_p t_a \tag{3-20}$$

式中　$c_p$——干空气的定压比热，在常温下，$c_p = 1.005$ kJ/(kg·℃)；

$$i_w = r + c_{pw} t_a \tag{3-21}$$

式中 $c_{pw}$——水蒸气的定压比热，在常温下，$c_{pw}=1.84$ kJ/(kg·℃)；

$r$——水蒸气在 0 ℃的汽化潜热，取 2501 kJ/kg。

将上述各式及取值代入式（3-19）得：

$$i = 1.005 t_a + (2501 + 1.84 t_a) d \tag{3-22}$$

整理得 $i=(1.005+1.84d)t_a+2501d$，可以看出（$1.005+1.84d$）是一个随温度而变化的量，常称之为“显热”，而 $2501d$ 是 0 ℃时 $d$ kg 水的汽化潜热，它只随含湿量而变，和温度无关，故称之为“潜热”。由此可见，湿空气的焓将随其温度和含湿量的增大而增大，随其减少而减少。但由于 2501 在数值上要比 1.005 和 1.84 大得多，所以在温度上升时，如果含湿量有所下降，则湿空气的焓不一定会随之增大。

焓 $i$、相对湿度 $\varphi$、水蒸气含量 $d$ 可以采用已给出的公式进行计算，也可以从焓湿曲线上查取。

7. 热量

热量是表示物体吸收或放出多少热能的物理量，是物体之间存在温度差而传递的能量，是个过程参数。热量通过热传导、热对流和热辐射 3 种方式传递。在矿井降温与空气调节工程中，可用式（3-23）计算：

$$Q = M_B \Delta i = Q_B \rho_B \tag{3-23}$$

式中 $Q$——热量，kW；

$M_B$，$Q_B$——风量，kg/s，m³/s；

$\Delta i$——焓差，kJ/kg（干空气）；

$\rho_B$——巷道中风流的平均密度，kg/m³。

在矿井降温过程中，有时仅知道空气温度的变化量 $\Delta t$，可用下式近似计算：

$$Q = \varepsilon_i \Delta t$$

式中 $\varepsilon_i$——在进风流中，$\varepsilon_i=2.5\sim3.5$；在回风流中，$\varepsilon_i=4.19$。

8. 焓湿图的应用

为了调节矿内空气的热力状态，就必须对矿内空气的干湿球温度及空气压力进行定期测量，以计算出焓（$i$）、含湿量（$d$）及密度（$\rho$），其计算的工作量很大。为减少计算量，制作了湿空气的焓湿图（$i-d$ 图）。目前，在空调和矿井降温中普遍采用的 $i-d$ 图是以 $i$、$d$ 为斜角坐标，及用气压的差值为 2.666 kPa 或 5.333 kPa 来绘制的，其最大的绝对误差恒大于 0.1，若气压不同于图示气压时，则误差会更大。

为了减小计算图误差，本书选用温度（$t$）和含湿量（$d$）为直角坐标，及大气压力为 $p=106.66$ kPa 而绘制主图，如图 3-1a 所示，并引用虚拟相对湿度（$\varphi'=106.66\varphi/p$），经过适当的变化后，便可求出各种气压下的 $i$、$d$ 值。主图还绘制了干、湿球温度和密度，则配合图 3-1b 副图便可求出各种气压、温度下的密度。因此，利用本图可查出任何气压下的矿内湿空气参数。

以下为焓湿图的查图方法：

（1）根据干、湿球温度（$t_a$，$t_f$），在主图上查出相对湿度 $\varphi$ 值。具体查图方法是：在纵坐标轴（$t$）上找出 $t_f$ 点（$a$ 点）；以 $a$ 为起点，沿等温线（水平方向）向右延长到等温线与饱和相对湿度（100%）线的交点（$b$ 点）；以 $b$ 点为起点，沿等焓（$i$）线（因

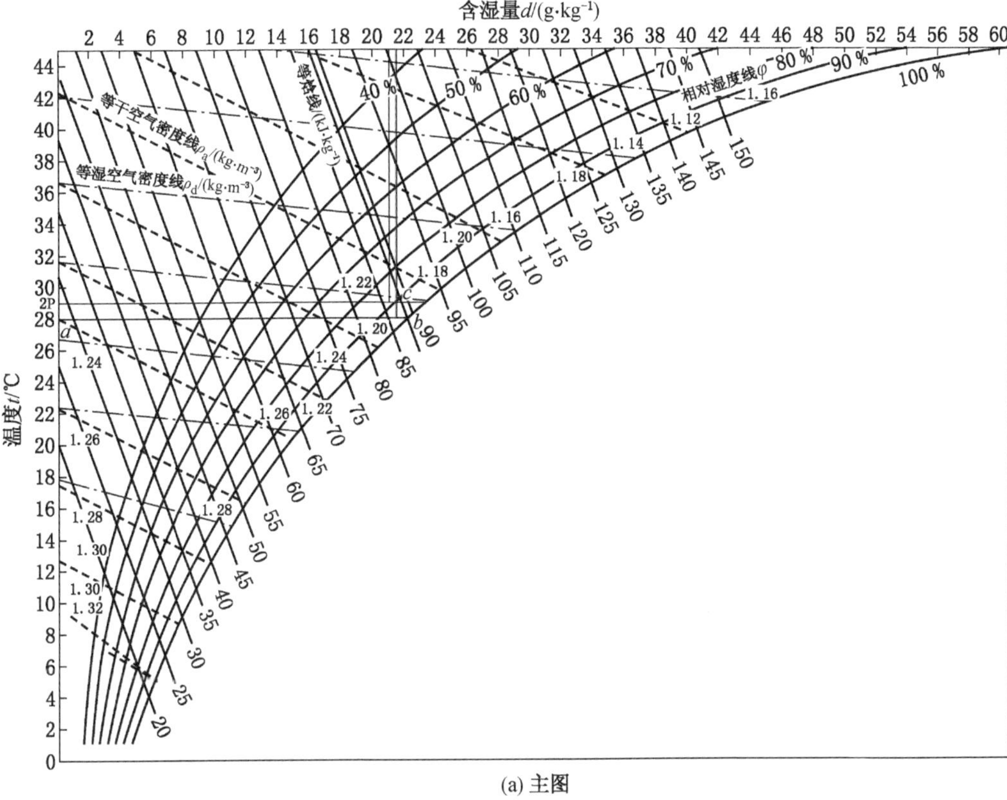


(a) 主图

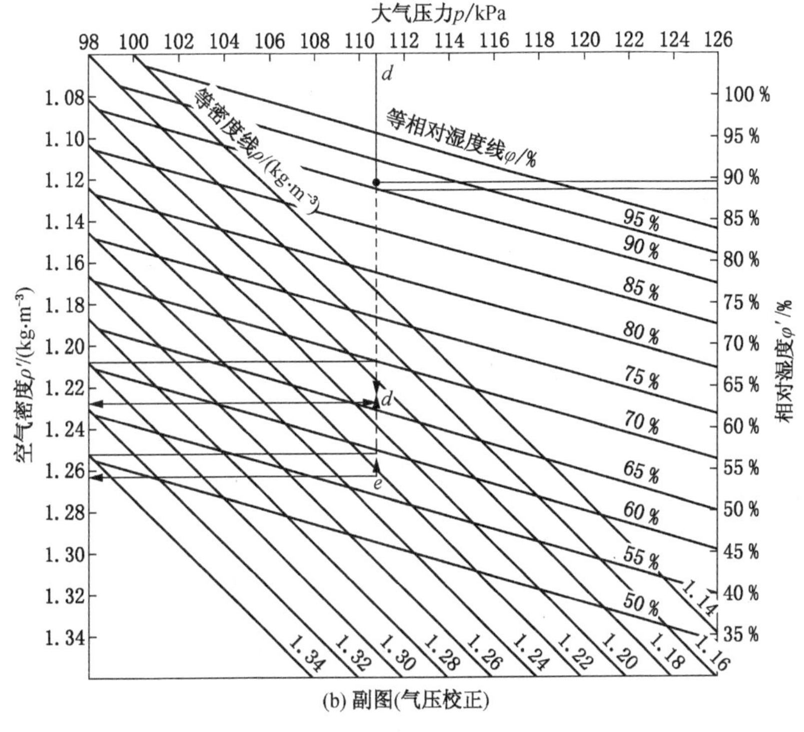


(b) 副图(气压校正)

图 3－1 矿用温湿图（$p=107$ kPa）

等湿球温度线与等焓线相平行）向上找到其与等干球温度线的交点 $c$，$c$ 点所在的相对湿度线即为所求的相对湿度 $\varphi$。

（2）由 $\varphi$ 和 $p$ 在主图上查出 $\varphi'$ 值；

（3）由 $t_a$ 和 $\varphi'$ 在主图上查出 $d$，$i$ 值；

（4）由 $t_a$，$d$ 在主图上查出等干空气密度 $\rho_a$，等湿空气密度 $\rho_d$；

（5）由 $\rho_a$，$\rho_d$ 及 $p$ 在副图上查出 $\rho'_a(d)$，$\rho'_b(e)$。

### 三、矿井空气的基本特征

矿井空气在成分上与地面空气有较大差别，而与地面大气相比，矿井空气具有以下特征：

（1）空气成分及比例不同。地面空气进入矿井以后，由于受到污染，其成分和性质发生一系列变化。比如：氧浓度降低，二氧化碳浓度升高，混入各种有毒有害气体和矿尘等。

（2）气压高。在矿区范围内，井下的大气压力总是高于地面的大气压力。井下大气压力与矿井深度的关系见式（3－4）。

（3）湿度大。根据我国煤矿的调查，矿内空气的相对湿度常年为 80%～90%，回采工作面一般为 90%～100%，矿井总回风一般为 95%～100%。

（4）气温波动幅度小。地面大气温度是矿井入风的初始温度。因此，地面气温的季节性变化必然要导致矿内气温的季节性变化。但是，同地面气温相比，矿内风温季节性变化较小。这主要是因为矿内空气温度不受太阳辐射的影响，主要受围岩温度的影响，而围岩温度一年四季是恒定的，而且围岩对通过巷道风流的加热量取决于风流温度，因此，围岩对风流温度有调节作用，即冬季放热强度大，夏季放热强度小（甚至吸热）。所以，矿内空气温度（即风流温度）随季节变化波动幅度较小。为了说明这一特征，现列举我国几个煤矿的井上和井下，最高和最低月份的平均气温和相对湿度，见表 3－5。

表 3－5　井上下气候参数的比较

| 矿井 | 地面 | | | | 井底车场 | | | | | 采掘工作面 | | | | |
|---|---|---|---|---|---|---|---|---|---|---|---|---|---|---|
| | 气温/℃ | | 相对湿度/% | | 深度/m | 气温/℃ | | 相对湿度/% | | 距井底车场距离/m | 气温/℃ | | 相对湿度/% | |
| | 最高月平均值 $t_7$ | 最低月平均值 $t_1$ | 最高月平均值 $\varphi_7$ | 最低月平均值 $\varphi_1$ | | $t_7$ | $t_1$ | $\varphi_7$ | $\varphi_1$ | | $t_7$ | $t_1$ | $\varphi_7$ | $\varphi_1$ |
| 平八矿 | 27.7 | 9.0 | 78.3 | 62.4 | 550 | 26.0 | 15.1 | 98.4 | 91.6 | 2000 | 31.0 | 29.0 | 94.3 | 86.0 |
| 台吉矿 | 24.7 | －11.1 | | | 722 | | | | | 780 | 25.4 | 21.7 | | |
| 里兰矿 | 28.5 | 11.0 | 80 | 72 | 332 | 27.0 | 11.7 | 92.7 | 84.9 | 1500 | 28.5 | 26.4 | 97 | 90 |
| 九龙岗 | 29.0 | 0.5 | 80 | 66 | 830 | 28.0 | 16.3 | 100 | 90 | 400 | 30.8 | 28.8 | | |
| 孙村矿 | 25.8 | －2.4 | 80.4 | 58.4 | 776 | | | | | 1154 | 27.1 | 24.3 | | |

注：$t_7$，$\varphi_7$ 为 7 月份平均值；$t_1$，$\varphi_1$ 为 1 月份平均值；平八矿为 3 月份资料。

从表 3－5 可以看出，井底车场气温受地面大气温度影响较大，而采掘工作面受其影响较小。这不仅是由于数千米巷道围岩的调节作用，而且也由于采掘工作面始终处于新开掘的岩体中。地面气温的日变化对矿内气温影响不大，尤其是对于采区内的风温几乎没有影响。

（5）矿内风速变化大。地面大气的气流速度取决于天气现象，人们是无法控制的，而井下的风流速度是可以控制的。根据劳动卫生学的研究，有利于人体热平衡调节的最佳风速为3～5 m/s。但是，在矿井通风设计中，考虑安全和经济因素，矿井内不同地点的风速差异较大，从0.15 m/s到15 m/s不等，如《煤矿安全规程》规定，矿井主要进、回风巷的最高允许风速为8 m/s，采掘工作面的最高允许风速为4 m/s，而无提升设备的风井和风硐则允许高达15 m/s，其各巷道的允许风速见表3－4。

（6）空气含尘量较大。在采矿生产过程中，所产生的一切细散状矿物和岩石的尘粒，称为矿尘（或煤尘）。这些矿尘能悬浮于空气中（称为浮尘），使空气变污浊。由于空气中浮尘的存在，不仅危害人体的健康，同时污染降温设备，影响降温效果。

## 第二节　矿井热环境对人体的影响

为了研究热环境对人体的生理作用，首先应研究人体的新陈代谢产热量及热平衡。

### 一、人体的产热量及热平衡

人要维持正常生理机能并进行各种劳动，就必须摄取氧气、水和食物。这些物质进入人体经过消化、分解，产生能量（热量）。人的整个机体都参加产热过程，其中以肌肉活动产热量最多。当人进行体力劳动时，肌肉产热量增至正常量（在安静状态下的产热量）的十余倍，可达2500～3140 kJ/h。人体产生的热量一部分用于身体各器官的正常生理机能活动，另一部分用来供肌肉做功，剩余的热量通过三种方式进行散热，分别是对流、辐射和汗液蒸发。这三种散热方式在一般情况下的散热量比例是：蒸发散热量占20%～25%，辐射散热量占40%～45%，对流散热量占20%～30%。但是，这三种方式的散热量的比例是随着气候环境因素的变化而变化的。从体内到皮肤表面，单位面积上的热流量为

$$q=\frac{t_b-t_s}{R_b} \tag{3-24}$$

式中　$q$——单位面积上的热流量，$W/m^2$；

$t_b$，$t_s$——体温和皮肤表面温度，℃；

$R_b$——体表热阻，$m^2 \cdot K/W$。

由式（3－24）可见，当环境温度较高时，皮肤温度升高，体内与体表温差减小，致使人体的散热强度降低。当人体的散热量减少到一定程度时，致使人体的热平衡受到破坏，从而威胁着人体健康。人体表面与环境之间热交换的热力学过程可用如下热平衡方程来描述：

$$q_S=q_M-q_J \pm q_C \pm q_F-q_Z \tag{3-25}$$

式中　$q_S$——蓄存于人体内的热量，当人体产热量和散热量相等时，$q_S=0$；当产热量大于散热量时，$q_S>0$，人体热平衡破坏，导致体温升高；当散热量大于产热

量时，$q_S<0$，导致体温降低，$W/m^2$；

$q_M$——人体新陈代谢过程中产热量，$W/m^2$；

$q_J$——肌肉做功而消耗的热量，$W/m^2$；

$q_C$——人体与周围环境以对流传导方式（以对流为主）散（吸）热量。当环境气温高于人体皮肤温度时，人体从环境吸收热量，取“+”；反之，则取“-”，$W/m^2$；

$q_F$——人体与周围物体表面之间辐射换热量。当周围物体表面温度低于人体皮肤温度时，人体以辐射的方式向外界散发热量，取“-”；反之，则取“+”，$W/m^2$；

$q_Z$——人体通过皮肤表面汗液蒸发或在不知觉出汗的情况下皮肤表面水分蒸发所散发的热量，$W/m^2$。

各参数分别描述如下：

1. 人体的新陈代谢产热量 $q_M$

能量代谢实际上是一种化学反应，人们将每天摄取食物中的糖、蛋白质、脂肪等营养物质在体内经过缓慢氧化而产生热量。计算方法有两种：一种是以日进食品种及产热量进行计算，见表3-6，表示1 kg各种食物的产热量。

表3-6 各种食物的产热量 kJ(kcd)/kg

| 食品种类 | 产热量 | 食品种类 | 产热量 |
|---|---|---|---|
| 大米 | 1457 | 牛奶 | 565 |
| 面粉 | 1474 | 猪肉 | 2428 |
| 豆类 | 1340 | 牛肉 | 720 |
| 根基类 | 264 | 羊肉 | 1285 |
| 叶菜类 | 100 | 家禽类 | 532 |
| 瓜及茄类 | 84 | 水产类 | 452 |
| 鲜果类 | 247 | 猪油 | 3730 |
| 蛋类 | 737 | 植物油 | 3768 |
| 花生 | 2286 | | |

注：各类食物的产热量取的是平均值。

另一种是根据每耗1 L氧气的产热量进行计算，见表3-7，表示各工种每分钟耗氧量及产热量。

表3-7 南非金矿各工种的氧耗与能量代谢量

| 工　种 | 氧耗/($L\cdot min^{-1}$) | 产热量/W | 单位产热量/($W\cdot m^{-2}$) |
|---|---|---|---|
| 绞车司机 | 0.35 | 118 | 66 |
| 清扫工 | 0.64 | 216 | 120 |
| 安装工 | 0.73 | 246 | 137 |

表 3-7（续）

| 工　种 | 氧耗/($L\cdot min^{-1}$) | 产热量/W | 单位产热量/($W\cdot m^{-2}$) |
|---|---|---|---|
| 风墙、密闭工 | 0.83 | 280 | 155 |
| 看溜眼工 | 0.89 | 300 | 167 |
| 队长 | 0.90 | 303 | 169 |
| 凿岩工 | 0.95 | 320 | 178 |
| 支架工 | 1.06 | 357 | 198 |
| 推车工 | 1.27 | 428 | 237 |
| 攉岩装车工 | 1.39 | 468 | 260 |

2. 人体对外做功所消耗的热量 $q_J$

根据能量守恒定律，矿工在生产活动中所消耗的热量是由能量代谢的一部分转变为机械功的。机械功消耗能量的多少是根据劳动强度而定的，如人在上坡行走时，要克服人体重量和负重而做功。设人体重量为 $m$、负重为 $m_L$、步行速度为 $v$、坡度为 $G$，所做的机械功 $q_J$ 为

$$q_J = 0.98vG(m + m_L) \tag{3-26}$$

式中　$q_J$——人体对外做功所消耗的热量，$W/m^2$；

$m$——人体的重量，kg；

$m_L$——人体的负重，kg；

$v$——步行速度，m/s；

$G$——坡度，%。

若人在下行时，重力对人体做功，其热量为（$q_M + q_J$）；若走平路时，由于重力方向与行走的方向垂直，不做功。一般认为所做机械功仅占能量代谢热量的 20% ~30%，实际上可能比这个数字还要小，可忽略不计。

3. 人体的辐射散热量 $q_F$

周围环境温度低于皮肤温度时，由皮肤表面向周围环境辐射热。周围环境物体表面温度越低，皮肤温度越高，由皮肤散发的热量越多；相反，周围环境物体表面温度高于皮肤温度，皮肤就会接受物体表面的辐射热，若二者的温差越大，则接收热越多。一般认为整个皮肤面积的 80% 参与辐射热交换，井下人体的辐射散热量主要取决于环境物体（如岩壁、设备等）的表面温度，辐射散热量 $q_F$ 可用下式计算：

$$q_F = 0.093\cdot S\cdot 0.8(t_s - t_j) \tag{3-27}$$

式中　$S$——人体皮肤表面积，$m^2$；

$t_s$——人体皮肤的平均温度，℃；

$t_j$——周围环境温度，℃。

人体皮肤表面积 $S$ 的计算公式为

$$S = 0.006h + 0.0128m - 0.1529 \tag{3-28}$$

式中　$h$——人体的身高，m；

$m$——人体的体重，kg。

人体的平均皮肤温度的测量和计算方法很多，其主要不同点是测量的点数有多有少，与

每个测点相对应的系数所代表的表面积大小不同。以5点法计算平均皮肤温度 $t_s$ 的公式为

$$t_s = 0.07T_1 + 0.5T_2 + 0.05T_3 + 0.18T_4 + 0.2T_5 \quad (3-29)$$

式中 $T_1$——额头温度,℃;

$T_2$——胸部温度,℃;

$T_3$——手背温度,℃;

$T_4$——大腿温度,℃;

$T_5$——小腿温度,℃。

人体的平均皮肤温度是干球温度和湿球温度、气流速度及环境的平均辐射温度的函数。当人在静止空气中休息时，其平均皮肤温度可根据 B. 吉沃尼绘制的计算图中查得。在其他条件下，再作以修正。对于气流速度高于 0.15 m/s 的修正值由式（3-30）计算:

$$\Delta t_{s(v)} = 0.282(v-30)^{0.2}[(t_j - ST_S)^{0.2} - 0.51] \quad (3-30)$$

式中 $\Delta t_{s(v)}$——相对于静止空气时的皮肤温度的变化量,℃;

$ST_S$——在静止空气中休息时的皮肤温度,℃;

$t_j$——周围环境温度,℃;

$v$——气流速度，m/s。

当平均辐射温度与空气温度不同时，用式（3-31）求出另一修正值:

$$\Delta t_{s(R)} = 0.057\Delta R \quad (3-31)$$

式中 $\Delta t_{s(R)}$——修正系数;

$\Delta R$——平均辐射温度与空气温度之差值,℃。

4. 人体对流换热量 $q_C$

对流换热取决于周围的气流速度，通常认为是正比于气流速度的平方根值，也有的学者认为取气流速度的0.3次方值较为合适。对流换热量是空气温度与皮肤平均温度之差值（$t_j - t_s$）的线性函数。人体与环境的对流换热量 $q_C$，在矿井条件下，可近似用式（3-32）计算:

$$q_C = 12.1v^{0.5}(t_j - t_s) \quad (3-32)$$

由式（3-32）看出，当皮肤温度高于周围空气温度时，由皮肤表面向空气中散热；相反，则接收空气中的热量。如果二者温差越大，气流速度越大，对流换热量越多；如果两者温差为零，则 $q_C$ 为零，说明对流换热终止。

5. 人体蒸发散热量 $q_Z$

在进行蒸发换热的过程中，每蒸发1 g水分可带走2.43 kJ的热量。如果蒸发换热是由肺部或皮肤毛孔中发生时，此热量全部由体内散发，即使周围气温及平均辐射温度高于皮肤温度，体内也能散发大量热。但是，一定量的汽化热不等于人体汗液蒸发散热，因为其中一部分汽化可能取自空气。这里着重从生理观点论述由人体排放热量与汗液分泌可能的散热量的关系。

汗液分泌及汗液蒸发的散热效率取决于蒸发过程中的速率与发生的部位。如果汗液从毛孔中蒸发，热量由皮肤通过导热方式散掉；如果皮肤表面有很多汗水，对体内热量蒸发产生阻力，降低蒸发散热效率。由此可见，人体排汗的散热效率是施加于人体的总热应力与环境最大可能承受的蒸发散热量之比率的函数，而人体最大可能的蒸发散热量又取决于衣着条件和气流速度与饱和蒸汽压力的大小。在不同的热环境条件下，人体的最大可能蒸

发散热量 $q_{Z\max}$ 为

$$q_{Z\max} = 0.0853v^{0.37}(p_{bp} - p_b) \tag{3-33}$$

式中 $q_{Z\max}$——人体最大可能蒸发散热量，$W/m^2$；

$p_{bp}$——皮肤温度为 $t_p$ 时的饱和蒸汽压力，Pa；

$p_b$——气温为 $t_a$ 时的饱和蒸汽压力，Pa。

以上介绍的是皮肤蒸发散热的计算。关于人的呼吸散热，可根据肺的通气量进行计算，不过这部分散热量根据计算只占总代谢量的5% ~10%，可以在计算平均皮肤散热量的基础上再增加总代谢量的5% ~10% 即可，也可因这部分散热量很小而忽略不计。

实际上，人体热平衡并非是简单的物理过程，而是在神经系统调节下的非常复杂的过程。人体的散热方式均与环境的温度、湿度、风速和热辐射有关。在矿井微气候较恶劣的情况下（如高温、高湿、高气压），人体的产热量将难以与散热量平衡，蓄热量加大，身体健康受到损害。

## 二、热环境对人的影响

矿井热环境是指煤矿井下的空气温度、湿度及风速等因素综合作用形成的微小气候环境，又称矿井微气候。它通过人的作业系统（人、作业对象）发生作用而影响该系统的安全、健康及功效，如图 3－2 所示。

井下热环境对人的影响，不但要考虑热环境对人的生理方面的影响，而且还要考虑对人的心理及其工作的安全性方面的影响。以下从三个方面分别分析了热环境对人的影响。

1. 热环境对人生理方面的影响

在正常的环境下，人体通过机体调节，维持各种正常的生理参数。但是，在恶劣的热环境下，人体会出现一系列生理功能的反常，当负荷超过了人体的适应性限度，人的机体受到热损伤，就会影响人体的健康与安全。这些影响主要表现在体温调节、水盐代谢、肾脏、神经系统、心脏、肠胃等方面。

1）对体温调节的影响

人体的热量是靠吸收的糖、脂肪、蛋白质和氧气在体内经过一系列的生物氧化而产生的。并且随着劳动强度的增加而成倍增加。在产热量增高的情况下，人体通过生理调节把多余热量散发到外界，以保持人体的热平衡。高温高湿的恶劣环境，一方面恶化了外部的散热条件，另一方面会使体内温度调节功能紊乱，造成体内积蓄热量增多，破坏体温恒定，如图 3－3 所示。

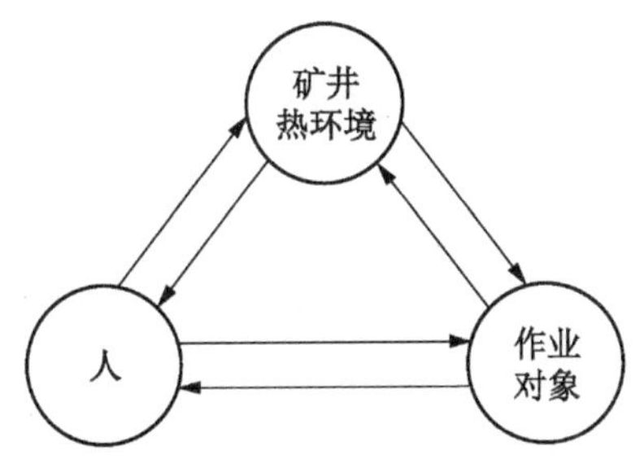


图 3－2 矿井热环境与人及其作业对象关系

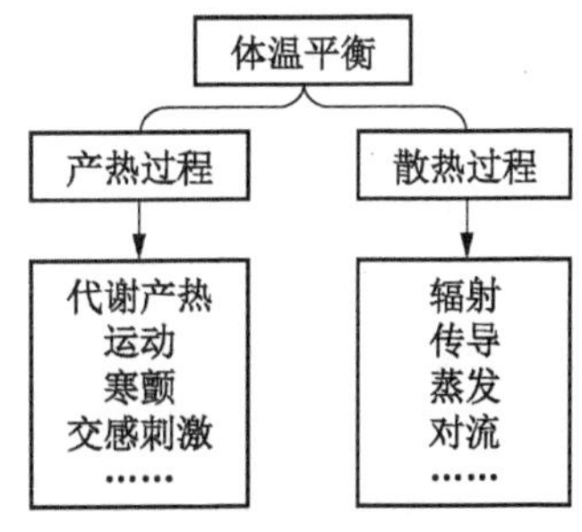


图 3－3 决定体温平衡因素

2）对水盐代谢和肾脏的影响

从出汗到汗液蒸发，是人体在高温下散热的主要方式。出汗使大量的氯化钠、水溶性维生素及其他矿物盐类随之排出，体重下降。人体正常水盐代谢平衡被破坏，不能维持细胞的正常渗压，导致出现疲乏、头昏、恶心、热痉挛，以及由于皮肤大量排汗，使尿液减少，尿液浓缩，肾脏负担加重，肾功能减退，容易发生肾病变，见表3－8。

表3－8　某煤矿工人高温高湿环境中劳动8 h导致体重损失

| 工作地点 | 体重损失 | | | | | |
|---|---|---|---|---|---|---|
| | <1 kg | <2 kg | <3 kg | <4 kg | <5 kg | <6 kg |
| 运输大巷（岩巷） | 0 | 7 | 4 | 0 | 0 | 0 |
| 1302 轨顺（煤巷） | 1 | 1 | 4 | 2 | 1 | 2 |
| 占总人数百分比/% | 4.5 | 36.5 | 36.5 | 9 | 4.5 | 9 |

3）对神经系统及心脏肠胃的影响

恶劣热环境的影响，造成大脑皮质机能紊乱，使大脑皮质对视丘下部血管运动中枢机能失调，使紧缩性神经冲动占据优势，以致引起周围小动脉痉挛，心率加快，血压升高。同时，长期处在热环境中的人体，大脑皮层兴奋过程减弱，会出现动作呆板反应迟钝及瞌睡的反应。为了适应热环境的改变，血管就会高度扩张，血液循环加快，使心脏负担加重，如果长期心肌过劳，就会发生心力衰竭。由于血管高度充血，人体消化器官的充血量便相应减少，消化分泌功能减退，天长日久会引起消化不良、食欲减退及其他肠胃疾病。此外，还容易发生各种皮肤病、关节炎及温差变化所引起的感冒等疾病。

2. 热环境对人心理方面的影响

任何一个不适于人工作的环境都会使工人产生不良的心理反应，这种应激性的心理状态实际上是对刺激即已经发生或将会发生"事件"的评估。煤矿井下温度高、湿度大、劳动强度大致使"人—机"关系极难协调。这一系列的外部环境问题除能够直接诱发事故及职业病以外，还易使作业人员产生烦躁、易怒、易疲劳、注意力涣散、思想能力下降等心理疲劳特征，从而诱发事故。

高温热环境对人心理方面的影响主要表现在以下几个方面：

（1）紧张心理加重。在井下高温高湿环境下，体内产生的热量难以散发。人体皮肤血管扩张，增加排汗量，这有利于散发体内热量，但心率会因此明显加快，使紧张心理进一步加重。紧张的心理状态一方面可以激发工人内在的潜力，表现出平时不能及的一些动作行为；另一方面如果长时间处于紧张状态会导致注意力不集中，思绪紊乱，严重时会失去自控力。

（2）焦虑、抑郁情绪增加。持续工作和超常的精神压力会使工人睡眠缺乏，体力不断下降，过度疲劳，内心充满紧张、不安和忧虑，对事物缺乏兴趣，表现为闷闷不乐、心烦意乱。适当的焦虑、抑郁情绪可以提高人的警觉水平，促使人投入行动，以适当的方式应对不良环境的影响。如果变得消极、悲观、失望、忧心忡忡、郁郁寡欢，则妨碍了工人准确的认识、分析和考察自己所面临的工作的能力，使之难以做出符合理性的判断和决定。

（3）应急反应增强。当工人从地面深入地下深处时，“人—环境”系统的改变，个体出于对井下热环境的不适应会觉察到某种潜在的威胁或不适，进一步加重了心理应激反应。适度的应激反应可以使注意力集中、大脑皮层保持清醒、思维敏捷，以调整自身的行为适应环境的改变。然而过度的应激反应会使人情绪过分波动，认识能力降低，自我概念不清，这类反应妨碍工人正确地评价现实情境和正常应对能力的发挥。

在上述症状中，对工作不满意是一个基本症状，这种症状下的个体没有动力去工作，其他症状发生在逐渐对工作不满的阶段，并因人而异。焦虑和紧张是较常出现的症状。

3. 热环境对人工作的效率及安全性的影响

热环境是影响人行为的多种因素之一。热环境对工人工作安全性的影响主要是通过影响其生理、心理状态来显现的。

高温作业可使中枢神经系统出现抑制，肌肉工作能力低下，在人的行为基础的能量产生过程中，神经与肌肉的功能状况在生理耐限内取决于温度值，在某个温度达到它们的极限值。当环境温度高于该最佳温度时，无论体力行为还是脑力行为都将由于生理复杂过程的相互作用而退化。在过高的热环境下，有效地血液量通常要满足两个目的：除了传输氧外，还需把身体内的热量传输到皮肤，然后散失，以免造成过热，这就限制了血液传输氧的能力。另外，长时间的热应激将引起脱水。脱水本身就妨碍了人的行为，尤其是承受能力。再者，长时间的热应激将妨碍脑力和心动功能，从而影响人的注意力、肌肉的工作能力、动作的准确性与协调性及反应速度，因此，极易发生工伤事故。

同时，在高温热湿环境中，人体新陈代谢率高，容易疲劳，劳累导致的人体机能下降，在强辐射的高温环境下工作，人体的热平衡机能就会遭到破坏，导致体温升高、脉搏增加。随着环境温度的升高，事故发生率升高，工作效率降低。值得一提的是在高温热环境中，人的省能心理表现得尤为突出。人们总是希望以最小的能量消耗取得最大的工作效率。心理表现为嫌麻烦、怕费劲、图方便或得过且过的惰性心理。由于省能心理的作怪，工人可能省略了必要的操作步骤或不使用必要的安全装置而引起伤害事故。

矿内热环境对矿山生产效率的影响有“有形”的和“无形”的两种。所谓“有形”的影响是指恶劣的热环境直接损害工人身心健康，特别是生产一线的工人。环境越恶劣，工人越容易出现各种疾病，影响整个生产效率。“无形”的影响是指中枢神经受抑制降低肌肉活动能力，且在热环境中作业，工人感到闷热难受、汗流浃背、心情烦躁、注意力不集中，以及机电设备在高温高湿条件下散热困难，或绝缘受损，或设备温升过高而损坏，造成生产效率的降低，甚至容易出现安全和设备事故。

### 三、矿井微气候卫生标准

热环境条件对于人们的影响，特别是对在井下从事繁重体力劳动矿工的身心影响，迄今尚不能予以定量地描述。但是可以肯定地说，井下恶劣的热环境条件对矿工的精神及健康均产生不良的影响，它不仅降低劳动生产率，而且会使人感到烦躁，降低机警能力，增大事故率，甚至会使矿工患热衰竭、中暑并导致死亡。

热环境加到人体上的负荷（热应力）不仅取决于气候条件（风温、湿度、风速、气压），而且还取决于劳动强度、持续时间、衣着情况及个人的特征（年龄、健康状况、身高、体重以及对热的适应能力）等。这些因素间尚存在着交互作用，有的甚至很难予以定量描述，这就是目前还不能从量上对热应力进行客观评价的原因。

为了保护矿工免遭井下恶劣环境的危害，很多国家制订、颁布了一些法律、法令和规程。但各国所采用的指标，规定的工作时间及禁止作业的条件并不相同，有些甚至差别很大。而且规程一般只规定了气候因素，对其他的影响因素几乎均无明确规定。现将国内外有关规定标准介绍如下。

1. 国外矿井微气候卫生标准的有关规定

德国在1905年的矿山法规的修订本里首次规定：在掘进工作面作业空间的空气干球温度 $t_a>28$ ℃时，作业时间不得超过8 h。

德国威斯特伐利亚的煤矿工资协议总纲中对于休息时间也有了规定。规定当 $t_{eff}>$ 29 ℃、30 ℃及31 ℃时（$t_{eff}$为同感温度指标，反应温度、湿度和风速的综合作用），工间休息时间分别增加10 min、15 min及20 min，且法定的30 min时间在外，每班的工作时间仍为7 h。重要的是，在协议中明确规定了青年工人们正常劳动场所的干球温度应在28 ℃以下，年龄在21周岁以下及50周岁以上者需经医生核准后方准许在 $t_{eff}>29$ ℃的工作场所里进行劳动。

此外，1977年德国的矿山法里还对在井下的逗留时间作了新的规定，并在 $t_a=28$ ℃及 $t_{eff}=32$ ℃两界限之间增加一个 $t_{eff}=29$ ℃的界限，除了规定井下热气候条件 $t_{eff}>29$ ℃时的工作时间缩短为5 h外，还规定了必须采取积极的降温措施和对矿工进行热适应训练。此外还详细规定了需对井下的热环境条件进行调查，对工人进行健康检查及上报等条款。见表3－9。

表3－9　德国煤矿井下气候条件有关规定

| 温度/℃ | 工作与休息的时间/min | | | | |
|---|---|---|---|---|---|
| | 每班工作时间 | 采面允许时间 | 法定休息时间 | 增加休息时间 | 允许工作时间 |
| $t_a<28$ | 480 | 480 | 30 | 0 | 450 |
| $t_a=28$ | 420 | 360 | 30 | 0 | 330 |
| $t_{eff}=29\sim30$ | 420 | 300 | 30 | 10 | 260 |
| $t_{eff}=30\sim31$ | 420 | 300 | 30 | 15 | 255 |
| $t_{eff}=31\sim32$ | 420 | 300 | 30 | 20 | 250 |
| $t_{eff}>32$ | 禁止作业 | | | | |

在比利时的保护健康总法规里，对井下的风温没有明确的规定，但有些矿山却有自己的标准。例如，在派因矿区规定，$t_B=30$ ℃（$t_B=0.1t_a+0.9t_f$，$t_a$ 和 $t_f$ 分别为空气的干球与湿球温度，单位是℃）时要停止作业；南部煤田规定 $t_B=31$ ℃时停止作业。

法国规定合成温度 $t_R\leqslant28$ ℃（$t_R=0.3t_a+0.7t_f-v$）。

波兰规定 $t_a=26$ ℃时，矿工的工作量应减少4%；$t_a\geqslant28$ ℃时，每班作业时间应缩短为6 h；$t_a>33$ ℃时，只允许进行救援工作。

新西兰规定，当 $t_f=23.3$ ℃和 23.8 ℃时，矿工的班作业时间分别缩短为 7 h 和 6 h。

日本规定 $t_a>37$ ℃时要禁止作业，但一般生产矿井力求回采工作面 $t_a\leqslant 30$ ℃，掘进工作面 $t_a\leqslant 31$ ℃。

荷兰规定缩短作业时数的起始温度是 $t_a=30$ ℃。

意大利规定 $t_a<32$ ℃时，允许的班作业时间仍为 8 h；$t_a=32\sim35$ ℃时，每班工作时间应缩短为 5 h；但对 $t_a>35$ ℃时的每班作业时间没有进行规定。

澳大利亚南威尔士州规定的允许工作上限湿球温度 $t_f=27$ ℃；有些金属矿则规定为风速 $v<0.2$ m/s，$t_a=36$ ℃，$t_f=31$ ℃，$t_{eff}=32$ ℃时，每班作业时间缩短为 5 ~6 h。

匈牙利规定 $t_{eff}=26$ ℃时，每班工作时间仍为 8 h，$t_{eff}=26\sim28$ ℃时，每班工作时间缩短到 6 h。

捷克将井下工作地点的热气候环境条件划分为 4 个等级，根据不同的等级来规定有效的工作小时数，而各个等级是由工作地点的风速、平均干球温度与平均相对湿度来确定的。当风速为 1.50 ~1.99 m/s 时，各等级的划分见表 3 - 10。

表 3 - 10　捷克对井下工作时间与气候条件的规定

| 等级 | 允许工作小时数 | 与相对湿度相对应干球温度值/℃ | | | | |
|---|---|---|---|---|---|---|
| | | 70% | 80% | 85% | 90% | 95% |
| Ⅰ | — | 27.0 | 25.8 | 25.5 | 25.1 | 24.8 |
| Ⅱ | 6 | 30.0 | 29.0 | 28.7 | 28.2 | 27.8 |
| Ⅲ | 5 | 31.0 | 30.0 | 29.8 | 29.3 | 29.0 |
| Ⅳ | 4 | 32.0 | 31.4 | 31.0 | 30.7 | 30.0 |

此外，还规定应对Ⅲ、Ⅳ级的工作地点采取改善气候条件的措施，最低限度要求达到Ⅱ级。

2. 国内矿井微气候卫生标准的有关规定

矿井气候条件的相关标准涉及国家政策、劳动卫生、劳动生理心理学以及现有的国家技术经济条件。我国现行评价矿井气候条件的指标是干球温度。1982 年国务院颁布的《矿山安全条例》规定，矿井空气最高容许干球温度为 28 ℃。在此基础上，我国各类矿山在安全规程中也作出了相应的规定，见表 3 - 11。

表 3 - 11　我国矿山气候条件标准

| 类　别 | 最高允许干球温度/℃ | | | |
|---|---|---|---|---|
| | 煤矿 | 金属矿 | 化学矿 | 铀矿 |
| 采掘工作面 | 26 | 27 | 26 | 26 |
| 机电硐室 | 30 | — | — | — |
| 特殊条件下 | — | — | 30 | 30 |
| 热水型或高硫型矿井 | — | 27.5 | — | — |

根据《煤矿井下热害防治设计规范》的要求，井下采掘工作面的气温应符合现行《煤矿安全规程》规定。《煤矿井下采掘作业地点气象条件卫生标准》也对井下采掘面的气温作了更为详细的规定：煤矿井下采掘作业地点风速介于0.5～1.0 m/s时，干球温度不高于28 ℃；煤矿井下采掘作业地点风速介于0.3～0.5 m/s时，干球温度不高于26 ℃。

相比世界主要产煤国家的矿井气候条件标准，我国法定的矿井气候允许值最低。但由于客观条件的限制，这一规定往往较难实现。另外，存在高温热害现象的矿井为节约投资及运行费用，往往不能够将工作地点气候条件处理到规定要求之内。并且在矿井降温设计中，常遇到空气冷却器能够送出的冷负荷小于回采工作面所需冷负荷的情况，造成工作面设计干球温度无法降低到规定的数值。

经相关资料论证，将工作环境温度适当提高到人的可忍受温度28 ℃是允许的（我国过去的《工业卫生安全标准》中，曾将工作区温度定在28 ℃；经医学科研部门的调查认为：当空气温度超过28 ℃时，才会对作业人员产生不良影响）。因此，应根据我国具体国情，选定科学而符合我国实际情况的矿山气候条件标准。

3. 对我国矿井气候条件标准的建议

1）高温矿井回采工作面降温设计温度的分析

回采工作面的降温设计必须以湿空气的焓湿图为基础，以回采工作面风量的热平衡为尺度。回采工作面的通风为直流系统，空气是回采工作面降温冷负荷的载体。而空气的载冷能力与回采工作面进口空气焓值、出口的空气焓值以及空气的质量流量相关。

回采工作面进口的空气参数位于回采工作面空气冷却器出口附近。它取决于经空气冷却器冷却后的空气与未经空气冷却器冷却的空气的混合工况。

回采工作面空气冷却器处理风流过程为冷却减湿过程。根据《全国民用建筑工程设计技术措施/暖通空调·动力》规定：空气冷却器用于空气冷却去湿过程时，冷水出口温度应比空气的出口露点温度至少低0.7 ℃。

出于降低成本及安全的考虑，矿井降温系统通常以淡水作为冷媒。为防止结冰，供水温度必须在0 ℃以上。根据《煤矿井下热害防治设计规范》第5.3.11条规定：采用地面集中制冷时，冷水机组蒸发器出水温度不应高于5 ℃。通常集中制冷站与回采工作面相距10 km左右，冷水机组供出的冷媒水经沿途的管道冷损、水泵温升及高压换热器温升后，到达工作面空气冷却器的冷媒水供水温度通常为7～8 ℃。《煤矿井下热害防治设计规范》第5.3.22条规定：载冷剂进出口温度差宜为7～15 ℃。降温设计时通常取温差为12 ℃。即空气冷却器供水温度在5～8 ℃，出水温度在17～20 ℃。空气冷却器出口空气干球温度以及焓值主要受回水温度的限制。

2）对我国矿井气候条件标准的建议

根据矿内微气候的特征及其对人体健康、安全和生产的影响，根据对国内外标准的分析，结合我国矿井生产的实际情况，我国矿井气候条件的标准建议采用《煤矿安全规程》第六百五十五条规定：当采掘工作面空气温度超过26 ℃、机电设备硐室超过30 ℃时，必须缩短超温地点工作人员的工作时间，并给予高温保健待遇。当采掘工作面的空气温度超过30 ℃、机电设备硐室超过34 ℃时，必须停止作业。

## 第三节　矿井热环境评估指标

热环境产生的应激对人的影响是多方面的，包括生理、心理和行为的反应。因此，在评估矿井热环境时，应考虑三个方面的判据，即生理性指标、心理性指标、劳动安全性指标。传统意义上的矿井热环境评估则是根据若干种单纯的热力参数来进行评价，而忽视了对心理和行为的影响，即很少涉及“人—机”系统的安全与工效。本节从两个角度阐述这一问题。

### 一、传统意义上的矿井热环境评估指标

1. 干球温度 $t_a$

干球温度是接触球体表面空气的实际温度，通常用水银或酒精玻璃温度计测定。它是人们最熟悉和易于测定的表示环境冷热程度的指标。干球温度也是热应力指标中最不完善的指标之一，它不能全面反映出矿内的气候条件及人体的热感觉，因此，干球温度很少单独使用。但由于它简单、易测以及习惯上的原因，因此，在我国的《煤矿安全操作规程》里，仍然将它作为法定的指标。

2. 湿球温度 $t_f$

湿球温度表示蒸发水的制冷效应，当水分被蒸发到饱和空气时空气将冷却到的温度，即相对湿度等于 100% 的温度。湿球温度测量方法是用湿纱布包扎普通温度计的感温部分，纱布下端浸在水中，以维持感温部位空气湿度达到饱和，在纱布周围保持一定的空气流通，使之周围空气接近达到等焓，示数达到稳定后，此时温度计显示的读数近似被认为湿球温度。它可以用专门的湿球温度计来测量。湿球温度并不代表空气真正的温度，而是说明空气的一种状态物理量。由于湿空气吸收水蒸气的能力取决于相对湿度的大小，空气达到饱和状态时，即相对湿度等于 100%，湿球温度等于干球温度。空气未饱和时，即相对湿度小于 100%，此时相对湿度越小，吸收水蒸气的能力越强，即水分越易蒸发，水温下降越大，湿球温度较干球温度低得越多。所以干球、湿球温度差的大小直接反映了空气相对湿度的大小，故可以用它来确定空气的相对湿度。在矿内的热湿环境中，湿球温度能反应环境的热湿情况。在一定的风速范围内，$t_f$ 与空气湿度有确定的函数关系。湿球温度对人体的舒适感影响很大。在一定条件下，1 ℃湿球温度的变化同 9.3 ℃干球温度的变化对人体热舒适的影响相同。因此，在矿井中，湿球温度比干球温度用的更广泛。在井下，当湿球温度大于 32 ℃时，劳动条件即相当恶劣，工人的劳动生产率迅速降到正常的 20%。

3. 等效温度 $t_{eq}$

湿空气的焓可以看作是由干空气的焓和水蒸气的焓组成的，将焓除以湿空气的比热容被定义为等效温度。所以它是以能量为基础来评价环境热应力的一个指标。根据分析可知，在 $t_a = 25 \sim 36$ ℃的范围内，等效温度和湿球温度基本上是直线关系，所以具有同样的意义。但等效温度和湿球温度都没有涉及风速这一重要的热应力参数。所以该指标也是不完善的。

4. 同感温度 $t_{eff}$

同感温度是用于表示空气温度、湿度及风速 3 个因素，对人体所产生的冷热感觉的一

个指标。同感温度是当相对湿度 $\varphi=100\%$，风速 $v\approx0$ m/s，人体对其产生的冷热感与另一环境（气温、气湿、风速）中产生瞬时的冷热感相同时的温度值。可以在已知某处干球温度、湿球温度和风速的条件下，快速、准确地求得该处的同感温度。

5. 卡它度

卡它温度计是模拟人体在热湿环境下散热能力的一种仪器，用它可测定空气的冷却能力。卡它度是评价劳动条件舒适程度的一项综合指标。卡它度分湿卡它度和干卡它度两种，湿卡它度包括对流、辐射和蒸发三者综合作用散热效果；干卡它度仅包括对流和辐射的散热效果。一般卡它度的值越大，散热条件越好。对井下中等强度的工作人员，比较舒适的干、湿卡它度分别为 8 ~ 10 和 25 ~ 30。

卡它度值的计算：

$$K_d=\frac{F}{\tau}\tag{3-34}$$

$$K_w=\frac{F}{\tau}\tag{3-35}$$

式中 $K_d$——干卡它度值，mcal/(s · cm$^2$)；

$K_w$——湿卡它度值，mcal/(s · cm$^2$)；

$F$——卡它度常数，mcal/cm$^2$；

$\tau$——由 38 ℃降到 35 ℃时所经过的时间，s。

劳动时舒适卡它度值的标准见表 3 - 12。

表 3 - 12 劳动时舒适卡它度值的标准

| 劳动强度 | 办公室劳动 | 轻体力劳动 | 一般体力劳动 | 重体力劳动 |
|---|---|---|---|---|
| $K_d$ | 5 | 6 | 8 | 10 |
| $K_w$ | 14 ~ 15 | 18 | 25 | 30 |

6. 三球温度指数 WBGT

这是以干、湿、黑球温度计分别测得的温度按照一定比例进行加权平均算出的温度指标，用以规定允许接触的高温阈值。

在阳光照射处计算公式：

$$\mathrm{WBGT}=0.7t_f+0.2t_h+0.1t_a\tag{3-36}$$

在室内或室外无阳光直射处：

$$\mathrm{WBGT}=0.7t_f+0.3t_h\tag{3-37}$$

式中 WBGT——三球温度指数，℃；

$t_h$——黑球温度，℃。

WBGT 综合指标临界值见表 3 - 13。

7. 标准有效温度 SET

标准环境条件是 $t_a=t_{mrt}$（平均辐射温度），$\varphi_a=50\%$，$v\approx0$ m/s。当人体在真实环境及标准环境中活动量相同，并且具有相同的皮肤平均温度 $t_s$ 及皮肤总湿度 $W_t$ 时，将失去相同的总热损失（真实环境的着装考虑在内），这种标准环境的一致温度就定义为真实环

境的 SET，其计算公式为

$$SET = t_s - \frac{H_s - W_t h'_{se}(p^*_{sk} - 0.5p^*_{SET})}{h'_{scr}} \tag{3-38}$$

式中 $h'_{scr}$，$h'_{se}$——标准环境中的有效显热及潜热换热系数，对于活动量为 65 W/m² 及着装为 0.6CLO，有 $h'_{scr}=4.8$ W/(m²·℃)，$h'_{se}=43.5$ W/(m²·kPa)；

$H_s$——经人体表面散失的总热量 W/m²；

SET——标准有效温度，℃；

$W_t$——皮肤总湿度，%；

$p^*_{sk}$——皮肤温度下水蒸气饱和分压力，kPa；

$p^*_{SET}$——标准有效温度下水蒸气饱和分压力，kPa。

表 3－13　WBGT 综合指标临界值

| 新陈代谢率/(kJ·h⁻¹) | 空气流速＜1.5 m/s | 空气流速＞1.5 m/s |
|---|---|---|
| ＜960 | 30 | 32 |
| 960～1460 | 27.8 | 30.5 |
| ＞1460 | 26 | 28.9 |

SET 直接关系到人的热感觉而不是气温 $t_a$。表 3－14 给出了与一定 SET 指标值相应的热感觉，表 3－15 给出了 SET 的标准服装与活动量的组合关系。

表 3－14　SET 与热感觉及生理反应

| SET/℃ | 热感觉 | 人的生理反应 |
|---|---|---|
| ＞37.5 | 很热，极不舒服 | 热调节功能失效 |
| 34.5～37.5 | 热，很不舒服 | 过度出汗 |
| 30.0～34.5 | 暖和，不舒服 | 出汗 |
| 25.6～30.0 | 稍暖，稍不舒服 | 轻度出汗，血管舒张 |
| 22.2～25.6 | 舒适，最可接受 | 中性 |
| 17.5～22.2 | 稍凉，稍不舒服 | 血管收缩 |
| 14.5～17.5 | 冷，不能接受 | 稍有体温降 |
| 10.0～14.5 | 很冷，极不适应 | 发抖 |

表 3－15　SET 的标准服装与活动量的组合关系

| 活动量/(W·m⁻²) | 服装热阻 CLO | 平均体温/℃ | 皮肤湿度 $W_t$ |
|---|---|---|---|
| 46.5 | 0.7 | 36.25 | 0.06 |
| 64.0 | 0.6 | 36.35 | 0.07 |
| 116.3 | 0.5 | 36.56 | 0.14 |
| 168.6 | 0.4 | 36.71 | 0.21 |

8. 热应力指标 HSI

热应力指标是表示人体维持热平衡所需的通过皮肤的实际蒸发损失与可能的最大蒸发热损失之比值：

$$\mathrm{HSI}=\frac{M_{sk}-(q_F+q_C)}{q_{Z\max}}\times 100\% \tag{3-39}$$

式中 HSI——热应力指标；

$M_{sk}$——人体净产热率与呼吸热损失的差值，W/m$^2$；

$q_{Z\max}$——皮肤最大蒸发热损失量，W/m$^2$；

$q_F$——人体与环境的辐射热交换量，W/m$^2$；

$q_C$——人体与环境的对流热交换量，W/m$^2$。

实际求 HSI 指标值时，还规定了皮肤温度 $t_s=35$ ℃。当环境的 HSI＞100 时，意味着人体开始蓄热，体温升高，这种热环境是难以忍受的；当 HSI＜0 时，人体开始失热，体温下降，这时就容易形成冷害。

9. 热感觉等级 TSS

矿工对热环境的主观感觉，定量地准确表达采用 ASHRAE 七级分级法，见表 3－16。七级分级法使热舒适或热中性状态正好在等级中心，级别的指标值采用 －3 ～ ＋3，而以 0 为中性状态，这样在数值上正好对称。

表 3－16 热感觉等级的七级分级法

| 指标值 | 3 | 2 | 1 | 0 | －1 | －2 | －3 |
|---|---|---|---|---|---|---|---|
| ASHRAE | 热 | 暖和 | 稍暖 | 中性舒适 | 稍凉 | 凉 | 冷 |

预测矿工在一定温湿度条件下的平均热感觉，可以用表 3－17 中提供的公式，表中所采用的热感觉分级指标 $Y$ 为 －3 ～ ＋3。

表 3－17 预测热感觉的公式

| 暴露时间/h | 性别 | 回归公式（$t_a$/℃，$p_a$/kPa） |
|---|---|---|
| 1.0 | 男 | $Y=0.220t_a+0.233p_a-5.673$ |
| 2.0 | 男 | $Y=0.221t_a+0.270p_a-6.024$ |
| 3.0 以上 | 男 | $Y=0.212t_a+0.293p_a-5.949$ |

10. 矿井空气吸热能力 HSC

近年来，相关学者提出综合考虑温度、湿度因素，提出矿井空气吸热能力这一概念，可用来判定一定状态的空气能够允许吸收多少热量，作为评判井下工作环境高温热害程度的一个参考性指标。

定义：以《煤矿安全规程》规定的采掘作业地点的最高温度 30 ℃、$\varphi=100\%$ 的空气状态为极限状态，在一个标准大气压下，其焓值 $i_e=99.69$ kJ/kg。

绝对吸热能力 $q_a$ 是指极限状态的焓值 $i_e$ 与温度为 $t$ 时相对湿度为 $\varphi$ 的空气的焓值 $i$ 的差值，即

$$q_a = i_e - i \tag{3-40}$$

式中 $q_a$——绝对吸热能力，kJ/kg；

$i_e$——极限状态的焓值，kJ/kg；

$i$——温度为 $t$ 时相对湿度为 $\varphi$ 的空气的焓值，kJ/kg。

相对吸热能力 $q_r$ 是指温度为 $t$ 时相对湿度为 $\varphi$ 的空气的焓值 $i$ 与极限状态的焓值 $i_e$ 的比值的百分数：

$$q_r = \frac{i}{i_e} \times 100\% \tag{3-41}$$

式中 $q_r$——相对吸热能力，%；

$i_e$——极限状态的焓值，kJ/kg；

$i$——温度为 $t$ 时相对湿度为 $\varphi$ 的空气的焓值，kJ/kg。

例如：$t = 22$ ℃，$\varphi = 60\%$ 的空气的焓值 $i = 47.274$ kJ/kg，则该空气的绝对吸热能力和相对吸热能力分别为

$$q_a = i_e - i = 99.69 - 47.274 = 52.416 \text{ kJ/kg}$$

$$q_r = \frac{i}{i_e} \times 100\% = \frac{47.274}{99.69} \times 100\% = 47.42\%$$

说明每千克 $t = 22$ ℃，$\varphi = 60\%$ 的空气还允许吸收 52.416 kJ 的热量，它还有 1 - 47.42% = 52.58% 的吸热潜力。

当温度 $t = 0$ ℃，相对湿度 $\varphi = 0$ 时，其焓值 $i_0 = 0$ kJ/kg。由于矿井空气温度都在 0 ℃以上，所以矿井空气的焓值都是正值。并且，一般情况下，由于以《煤矿安全规程》规定的矿井空气最高温度为极限状态，矿井绝大部分地点空气的绝对吸热能力都是正值，即相对吸热能力小于 100%，都具有一定的吸热能力，而且其吸热能力能够直观地显示出来。当某些地点的绝对吸热能力为负值或相对吸热能力大于 100% 时（比如回采工作面回风隅角，温度有可能达到 30 ℃以上，湿度接近 100%，空气焓值大于所规定的极限状态空气焓值），则说明这些地点的空气超出了《煤矿安全规程》的有关规定，必须采取降温措施。

矿井空气的吸热能力是为了认识矿井热环境而提出的一种新思想、新概念，是对矿井热环境重要性认识的不断加深而形成的。它采用现场测定、数量化的方法手段对矿井热环境要素进行分析，可以直观、明显地对矿井空气热力参数特征进行定量补充描述。

## 二、生理、心理及行为安全因素的指标

### 1. 生理性指标

随着热应力的增高，人体将产生一系列的生理反应：心率加快、体温升高、汗液代谢量增大等。对不同程度的热环境，生理反应程度不同，这些生理反应的程度揭示了人体所处环境的热负荷的高低。因此，根据人体的生理反应控制人体所承受的热应力是一种有效方法。在工作过程中对一项或多项人体生理反应值进行测量，分析相关数据，可以对所处热环境进行一定程度的评估。

1）体温

体温是判断机体热平衡是否受到破坏的最直接的指标。体温增加表示机体产热大于散热，此时，体内有热积蓄；体温降低表示机体产热小于散热，此时，体内有热量损失。根据相关研究成果，在高温高湿环境中的劳动个体，肛肠温度不宜超过 39 ℃。

2）心率

心率在高温条件下是一种简单而灵敏的指标。在高温环境下工作，1 h 内心率超过 154 bpm（此值应根据年龄调整），需对工作个体发出警告：降低劳动强度或者稍事休息。当工作 4 h 以后，心率超过 149 bpm，需对工作个体发出警告：降低劳动强度或者稍事休息。据中国医学科学院研究，气温超过 35 ℃以上时，心率可增加 60%。在医学界，认为最大心率为 220 减去年龄值。在热湿环境中持续工作 1 h，心率最高不得超过最大值的 85%；工作时间超过 1 h，心率最高不得超过最大值的 80%，如果超过心率极限值，对身体将会造成损害。

3）失水量

在高温高湿环境中，一个工作日（工作时间为 8 h）的出汗量可能达到 6 ~ 8 L，仅靠人体自觉补水是远远不够的。当失水量超过身体质量的 1.5% ~ 2.0% 时，人体的耐热力也开始下降，心率和体温开始上升，工作能力降低。由于口渴的感觉并不能引导人体自觉补充足量的水分，因此在高温高湿环境中工作时，应每隔 30 min 补充一次水分，水温应为 10 ~ 15 ℃，失水量可以通过测量人体质量来确定。表 3 - 18 列出了失水量与人体质量减少率的关系。

表 3 - 18　失水量与人体质量减少率的关系

| 人体质量减少率/% | 失水量/L | 症　状 |
|---|---|---|
| 1 | 0.75 | 不明显 |
| 1.5 | 1.80 | 开始感觉口渴，不舒服 |
| 3 | 2.25 | 体力减退、中等不舒服 |
| 4 | 3.00 | 抽搐、头疼、极度不舒服 |
| 5 ~ 6 | 3.50 ~ 4.00 | 体力枯竭、头昏、恶心 |
| >7 | >5.00 | 失去意识 |

2. 心理性指标

热应激对心理方面的影响较为复杂。在高温高湿环境下工作，人很容易产生枯燥、乏味以及沉闷感，而且随着热环境条件的不断恶劣，人的以上感觉更加强烈，甚至会出现易怒、脾气暴躁等心理问题带来的不良后果。对于心理方面的评价，国内外成熟的方法已有不少，但由于心理问题表现的复杂性，且不易于观测，因此在对心理问题进行评价时，大多数选取的是心理问题自测量表来对人进行调查的，这里不再赘述。

3. 劳动安全性指标

劳动安全性指标可以结合“人—机”系统的安全工效选取以下几个指标：

（1）闪光融合值。闪光融合值是用以表示人的大脑意识水平的间接测定指标。人对低频率的闪光有闪烁感，当闪光频率增加到一定程度时，人就不能再感到闪烁，这种现象称为融合。开始产生融合时的频率称为融合值。反之，光源从融合状态降低闪光频率，使人开始感觉到光源开始闪烁，这种现象称为闪光。开始产生闪光时的频率称为闪光值。融合值和闪光值的平均值称为闪光融合值，也称为临界闪光融合值。计算单位为 Hz，一般为 30 ~ 55 Hz。人的视觉系统的灵敏度与人的大脑兴奋水平有关。疲劳后，兴奋水平降低，中枢系统机能钝化，视觉灵敏度降低，人在疲劳或困倦时数值下降，在紧张或不疲惫时上升。

（2）反应时间。热应激对人的反应特性的影响也不可忽视。热应激缩短简单反应时间，而延长复杂反应时间。热应激水平越高，影响越明显。对简单反应而言，时间的缩短可解释为热应激水平较高时中枢传输速度较快。对复杂反应而言，反应时间与中枢传输速度没有什么关系。复杂反应时间的延长，可能是中枢神经系统兴奋性降低或者抑制加深的一种表现。

（3）手的握力。在热应激作用下，血液循化既担负着输送氧气的任务，又担负着把身体内的热量传输到体表皮肤蒸发的任务。因此，热应激给心脏造成了额外的负担，引起心跳加快，血液循环时间缩短。又由于人体系统的温度调节优先于氧气的输送，这就限制了血液循环携带氧气的能力，影响肌肉的活动，从而影响手的操纵行为及体力行为。肌肉细胞中水分减少及电解质平衡的破坏都影响肌肉的收缩能力及维持手的操纵与体力行为。握力力量与握力耐力的影响表明，握力力量与握力耐力均随着热应激作用时间的延长而下降，并且热应激程度越高，握力下降越明显。

## 思 考 题

1. 矿井空气的主要特征有哪些？
2. 矿井空气的基本参数有哪些？
3. 水蒸气分压力和饱和水蒸气分压力的概念是什么？
4. 矿井空气的基本特征是什么？
5. 什么是干球温度和湿球温度？
6. 如何查焓湿图？
7. 散热的三种方式是什么？
8. 热环境对人体有哪些影响？
9. 矿井热环境评估有哪些指标？

# 第四章 矿井热交换理论及计算

在矿井生产过程中，基于矿工生理、健康和安全的需要，矿井下作业环境必须有充足的新鲜空气供给。向井下供给新鲜空气主要是采用通风设备，在通风设备（或自然风压）的作用下，空气在不断地流进和流出井巷的同时，与环境发生热、湿交换。本章对矿井热、湿交换的分析计算，只考虑正常通风的情况。所谓正常通风，就是矿井在无任何灾害源（主要是火灾）的干扰下，矿井通风系统和风流状况在某一时期内处于稳定状态的通风。此时，可以认为风流通过井巷为一稳定流动过程。

## 第一节 传热学基本原理

### 一、理想气体的状态方程

在热力学中，一般是将常温、常压的空气称为理想气体，而存在于空气中的水蒸气，由于它处于过热状态，加上压力低、比体积大和含量小，所以也将其视为理想气体。理想气体的状态方程为

$$pV = nRT \tag{4-1}$$

式中 $p$——气体的绝对压力，kPa；

$V$——气体的体积，$m^3$；

$n$——物质的量，kmol；

$R$——气体常数，kJ/(kg · K)；

$T$——气体的热力学温度，K。

各种气体的 $R$ 值不相同,它取决于气体的性质。干空气的气体常数约为 287 J/(kg · K)，水蒸气的气体常数约为 461.50 J/(kg · K)，常见气体的气体常数及主要物理参数见表 4-1。

表 4-1 常见气体的气体参数及主要物理参数

| 气体名称 | 分子式 | 相对分子质量 | 标准状态密度/(kg · m$^{-3}$) | 气体常数 $R$/[J · (kg · K)$^{-1}$] | 临界状态参数 | | 比热容/[kJ · (kg · K)$^{-1}$] | | 绝热指数 $k$ |
|---|---|---|---|---|---|---|---|---|---|
| | | | | | 临界压力 $p_c$/kPa | 临界温度 $T_c$/K | 定压比热 | 定容比热 | |
| 空气 | | 28.95 | 1.293 | 287.04 | 3775.58 | 132.42 | 1.0045 | 0.716 | 1.4 |
| 氮 | $N_2$ | 28.02 | 1.251 | 296.75 | 3398.40 | 126.20 | 1.038 | 0.741 | 1.4 |
| 氧 | $O_2$ | 32.00 | 1.429 | 259.78 | 5045.99 | 154.60 | 0.913 | 0.657 | 1.4 |

表4-1（续）

| 气体名称 | 分子式 | 相对分子质量 | 标准状态密度/（kg·m$^{-3}$） | 气体常数 R/[J·(kg·K)$^{-1}$] | 临界状态参数 | | 比热容/[kJ·(kg·K)$^{-1}$] | | 绝热指数 k |
|---|---|---|---|---|---|---|---|---|---|
| | | | | | 临界压力 $p_c$/kPa | 临界温度 $T_c$/K | 定压比热 | 定容比热 | |
| 氢 | $H_2$ | 2.01 | 0.090 | 4121.74 | 1297.28 | 33.20 | 14.24 | 10.132 | 1.41 |
| 氯 | $Cl_2$ | 70.91 | 3.22 | 117.29 | 7700.70 | 417.15 | 0.481 | 0.356 | 1.36 |
| 一氧化氮 | NO | 30.01 | 1.340 | 277.14 | 6484.8 | 180.15 | 0.996 | 0.720 | 1.40 |
| 一氧化碳 | CO | 28.01 | 1.250 | 296.95 | 3495.71 | 132.90 | 1.047 | 0.754 | 1.40 |
| 二氧化碳 | $CO_2$ | 44.01 | 1.977 | 188.78 | 7376.46 | 304.20 | 0.837 | 0.635 | 1.31 |
| 二氧化硫 | $SO_2$ | 64.06 | 2.927 | 129.84 | 7883.1 | 430.8 | 0.632 | 0.502 | 1.25 |
| 二氧化氮 | $NO_2$ | 46.01 | 1.490 | 179.85 | 10132.5 | 431.4 | 0.804 | 0.615 | 1.31 |
| 水蒸气 | $H_2O$ | 18.016 | 0.804 | 461.50 | 22048.3 | 647.3 | 1.859 | 1.394 | 1.3/1.14 |
| 氨 | $NH_3$ | 17.03 | 0.7714 | 488.18 | 11277.47 | 405.55 | 2.219 | 1.675 | 1.29 |
| 硫化氢 | $H_2S$ | 34.08 | 1.539 | 244.19 | 8936.87 | 373.20 | 1.059 | 0.804 | 1.3 |
| 氯化氢 | HCl | 36.47 | 1.639 | 228.01 | 8308.65 | 324.55 | 0.812 | 0.578 | 1.41 |
| 甲烷 | $CH_4$ | 16.02 | 0.717 | 518.77 | 4600.16 | 190.6 | 2.206 | 1.683 | 1.3 |
| R22 | $CHF_2Cl$ | 86.47 | 3.860 | 96.15 | 4975.06 | 369.2 | 0.6029 | 0.5049 | 1.194 |

## 二、热力学第一定律

作为能量守恒原理基础的定律被称为热力学第一定律，所以热力学第一定律最主要的是论述能量守恒，即能量由一个区域传递到另一个区域，或在系统内改变能量形式时，其总能量守恒。能量是物质运动的度量，任何物质都具有能量。各种不同运动形态的物体相互作用而发生的能量传递或转换的形式，依热力系统界面上有无物质通过而异。有物质穿过界面的热力系统问题，在实际工程多见。根据热力学第一定律，风流流入巷道的总能量应等于流出巷道的总能量（忽略风流与巷道壁摩擦所消耗的功）。

如图4-1所示，假如1 kg风流从标高为 $Z_1$ 的断面Ⅰ—Ⅰ流入，环境对风流的加热量为 $q_j$，风流对外界不做功，并从标高为 $Z_2$ 的断面Ⅱ—Ⅱ流出，风流在巷道中流动属于稳定流动过程，则

$$u_1+\frac{p_1}{\rho_1}+\frac{1}{2}v_1^2+gZ_1+q_j=u_2+\frac{p_2}{\rho_2}+\frac{1}{2}v_2^2+gZ_2 \tag{4-2}$$

式中　$u_1$，$u_2$——两断面上风流的内能，J/kg；

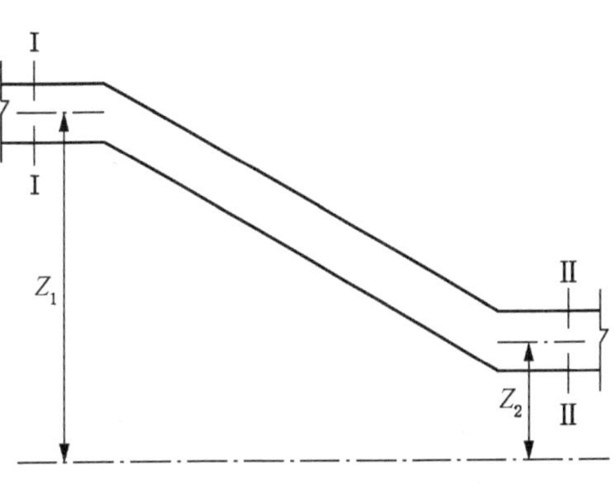

图4-1　风流通过倾斜巷道示意图

$p_1$，$p_2$——两断面上风流的压力，Pa；

$\rho_1$，$\rho_2$——两断面上风流的密度，$kg/m^3$；

$v_1$，$v_2$——两断面上风流的速度，m/s；

$Z_1$，$Z_2$——两断面的标高，m；

$q_j$——从断面Ⅰ—Ⅰ到断面Ⅱ—Ⅱ风流的吸热量，J/kg；

$g$——重力加速度，$m/s^2$。

根据焓的定义有

$$i = u + \frac{p}{\rho}$$

整理式（4－2）得：

$$i_1 + \frac{1}{2}v_1^2 + gZ_1 + q_j = i_2 + \frac{1}{2}v_2^2 + gZ_2 \tag{4-3}$$

在矿井条件下，对于始末断面上风速变化不大的某段巷道，可以认为两端风速近似相等，故式（4－3）可变为

$$\Delta i = i_2 - i_1 = g(Z_1 - Z_2) + q_j \tag{4-4}$$

对质量为 $M_B$ 的风量有：

$$M_B(i_2 - i_1) = M_B g(Z_1 - Z_2) + Q_{吸} \tag{4-5}$$

式中　$Q_{吸}$——吸热量，W。

式（4－5）为矿内风流的焓值方程，即从热力学角度表示矿内风流能量方程，表明风流沿井巷流动中，由于井巷高程差引起风流重力位能的变化量（或称压缩热或称膨胀吸热）和井巷客观存在的各种热源传给风流的热，全部转换为风流的显热和潜热，导致风流末点状态参数的变化，为矿井风流热力状态预测提供了理论依据。

## 三、风流通过井巷的热力过程

地面空气进入井下之后，沿途要经过各种热力变化过程，将发生热量交换和能量交换。

1. 等容过程

所谓等容过程，就是在空气的比体积保持不变的情况下的热力变化过程。当比体积 $\nu$ 为常数，由单位质量（1 kg）理想气体的状态方程 $p\nu = RT$ 可知：

$$p/T = R/\nu = 常数 \tag{4-6}$$

式（4－6）表明，在等容过程中，比体积 $\nu$ 不变，而绝对压力和绝对温度成正比变化。

在等容过程中，空气不对外做功，空气所吸收和放出的热量等于其热力学能的增加或减少。

2. 等压过程

在等压过程中，$p$ = 常数，则 $\nu/T = R/p$ = 常数。表明在等压过程中，$p$ 不变，而 $\nu$ 和 $T$ 成正比变化。

在等压过程中，空气所吸收和放出的热量等于空气焓的增加或减少。

3. 等温过程

当 $T$ = 常数时，则 $p\nu = RT$ = 常数。表明在等温过程中，$T$ 不变，热力学能也不变，而

$\nu$ 和 $p$ 成反比变化。

在等温过程中，空气从外界获得的热量等温膨胀时，加入的热量全部用于空气对外界作膨胀功；或者说空气被压缩时，则对气体所加之功全部变为热能向外界放出。

4. 绝热过程

在绝热过程中，空气与外界无热量交换，所进行的膨胀和压缩过程中，空气的 $p$、$T$ 和 $\nu$ 都将发生变化，而且变化规律很复杂。在此过程中，空气对外界做出的功等于空气热力学能的减少；空气从外界获得的功等于空气热力学能的增加。

令 $k=c_p/c_V$，$c_p$ 为过程平均定压比热容，$c_V$ 为过程平均定容比热容，$k$ 称其为绝热指数，对于空气 $k=1.41$。如果近似地把比热容视为定值，则 $k$ 也是定值，即

$$p_2\nu_2^k=p_1\nu_1^k=\text{常数} \tag{4-7}$$

$$\frac{p_2}{p_1}=\left(\frac{\nu_1}{\nu_2}\right)^k \tag{4-8}$$

根据气体状态方程得：

$$\frac{p_1\nu_1}{T_1}=\frac{p_2\nu_2}{T_2},\frac{T_2}{T_1}=\frac{p_2}{p_1}\frac{\nu_2}{\nu_1}=\left(\frac{\nu_1}{\nu_2}\right)^k\frac{\nu_2}{\nu_1}=\left(\frac{\nu_1}{\nu_2}\right)^{k-1} \tag{4-9}$$

又因

$$\frac{\nu_1}{\nu_2}=\left(\frac{p_2}{p_1}\right)^{1/k}$$

所以

$$\frac{T_2}{T_1}=\left(\frac{\nu_1}{\nu_2}\right)^{k-1}=\left(\frac{p_2}{p_1}\right)^{\frac{k-1}{k}} \tag{4-10}$$

以上关系式表明，当系统中气体可逆绝热膨胀时，$p$、$T$ 均降低。但系统中气体被绝热压缩时，$p$、$T$ 均升高。

5. 多变过程

在多变过程中，气体的状态变化规律为

$$p\nu^n=\text{常数} \tag{4-11}$$

式中，$n$ 为多变指数，可以是任何实数，不同的 $n$ 值决定着不同的状态变化规律，描述不同的状态变化过程。例如：

$n=0$ 时，$p=$ 常数，表示等压过程；

$n=1$ 时，$p\nu=$ 常数，表示等温过程；

$n=k$ 时，$p\nu^k=$ 常数，表示绝热过程；

$n=\pm\infty$ 时，$\nu=$ 常数，表示定容过程。

可见，4 个基本热力过程是多变过程的特例。$n$ 可在 $0\sim\pm\infty$ 之间变化，每个 $n$ 值代表一个多变过程。实际过程往往比较复杂，过程中 $n$ 值也可能是变化的，如果变化不大，则仍可用一定的多变过程近似地表示该过程；如果 $n$ 值变化较大，则可把实际过程分作几段，各段 $n$ 值各不相同，但在每一段中 $n$ 值保持不变。当 $n$ 为定值时，由 $p\nu^n=$ 常数可得：

$$\frac{p_2}{p_1}=\left(\frac{\nu_1}{\nu_2}\right)^n \tag{4-12}$$

取对数得：

$$\ln\frac{p_2}{p_1}=n\ln\frac{\nu_1}{\nu_2}$$

因此，多变指数可用下式计算：

$$n=\frac{\ln(p_1/p_2)}{\ln(\nu_2/\nu_1)} \tag{4-13}$$

按式（4-13）可根据初、终两个状态求得该过程的 $n$ 值。多变过程方程式与绝热过程方程式的形式相同，只是用 $n$ 代替了 $k$。因此，在分析多变过程时，初、终参数关系式与膨胀功的计算式只需要用 $n$ 代替 $k$ 便可得到。

## 第二节　矿井围岩热物理特性参数及热湿交换系数

### 一、矿井围岩热物理特性参数

大量研究资料表明，产生矿井高温的原因归根结底都是由于地球内部的热量通过煤岩层向井巷中空气传递的结果。这自然与煤岩层的热物理特性参数有关。表征煤与岩石热物理特性的参数主要有导热系数、导温系数（热扩散率）及比热等。因此，矿山地测部门应根据具体情况与实际需要进行岩石热物理性质测定。并且从长远考虑，一个有高温热害的矿区应有一套完整的包括井巷工程可能涉及的各类岩石热物理性质的测定数据，供设计人员使用。

1. 岩石导热系数

岩石的导热系数（热导率）$\lambda$，单位为 W/(m·K)，表示岩石的导热能力。其物理意义为：沿热传导方向单位厚度岩石，当两壁温差为 1 ℃时，单位时间内通过单位面积的导热量，也称为岩石的热导率。即

$$\lambda=-\frac{q}{\mathrm{d}t/\mathrm{d}x} \tag{4-14}$$

式中　$\lambda$——热导率，W/(m·K)；

$q$——大地热流密度，W/m$^2$；

$\mathrm{d}t$——在岩层微元厚度 $\mathrm{d}x$ 两侧温度的变化量，℃。

不同物质所对应的热导率及其他物理性质见表 4-2。

表 4-2　岩石的物理性质

| 岩石名称 | 比热容 $c$/[kJ·(kg·K)$^{-1}$] | 密度 $\rho$/(kg·m$^{-3}$) | 热容 $c_\rho$/[kJ·(m$^3$·K)$^{-1}$] | 热导率 $\lambda$/[W·(m·K)$^{-1}$] | 导温系数 $a$/(m$^2$·s$^{-1}$) | 蓄热系数 $b$/[kJ·(s$^{0.5}$·m$^2$·K)$^{-1}$] |
|---|---|---|---|---|---|---|
| 砂岩 | 0.855 | 2440 | 2086 | 2.56 | $1.227\times10^{-6}$ | 2.608 |
| 页岩泥岩 | 0.905 | 2570 | 2326 | 1.77 | $0.761\times10^{-6}$ | 2.289 |
| 烟煤 | 1.186 | 1225 | 1453 | 0.292 | $0.201\times10^{-6}$ | 0.735 |
| 泥质泥岩 | 0.934 | 2655 | 2480 | 2.000 | $0.806\times10^{-6}$ | 2.513 |
| 粉砂岩 | 0.985 | 2575 | 2536 | 2.100 | $0.828\times10^{-6}$ | 2.604 |

表 4-2（续）

| 岩石名称 | 比热容 $c$/ [kJ·(kg·K)$^{-1}$] | 密度 $\rho$/ (kg·m$^{-3}$) | 热容 $c_p$/ [kJ·(m$^3$·K)$^{-1}$] | 热导率 $\lambda$/ [W·(m·K)$^{-1}$] | 导温系数 $a$/ (m$^2$·s$^{-1}$) | 蓄热系数 $b$/ [kJ·(s$^{0.5}$·m$^2$·K)$^{-1}$] |
|---|---|---|---|---|---|---|
| 石灰岩 | 0.909 | 2679 | 2435 | 2.280 | $0.936\times10^{-6}$ | 2.659 |
| 凝灰岩 | 0.879 | 2577 | 2265 | 1.770 | $0.781\times10^{-6}$ | 2.259 |
| 玄武岩 | 0.922 | 2800 | 2582 | 3.490 | $1.357\times10^{-6}$ | 3.387 |
| 砂质泥岩 | 0.950 | 2067 | 1964 | 2.029 | $1.033\times10^{-6}$ | 2.252 |
| 泥岩 | 0.934 | 2723 | 2543 | 2.260 | $0.889\times10^{-6}$ | 2.705 |
| 煤 | 1.185 | 1225 | 1452 | 0.292 | $0.201\times10^{-6}$ | 0.735 |
| 无烟煤 | 0.946 | 1440 | 1362 | 0.328 | $0.241\times10^{-6}$ | 0.754 |
| 硬煤 | 1.020 | 1346 | 1373 | 0.274 | $0.200\times10^{-6}$ | 0.692 |
| 褐煤 | 1.130 | 1210 | 1367 | 0.253 | $0.185\times10^{-6}$ | 0.664 |

影响岩石导热系数的因素很多，主要是它的成分、结构（斑晶、劈理、片理和层理等定向构造的发育程度）、密度、孔隙率、充填物的性质等；次要的是温度和压力条件，但在研究浅部（矿井采掘深度范围内）的地热状况时，一般忽略不计。

2. 岩石比热容

各种物质都有贮热的能力，其大小以比热容来表示。岩石的比热容的定义为单位质量的岩石当温度升高（或降低）1 ℃时所吸收（或放出）的热量。对于质量为 $m$ 千克左右的岩石，温度由 $t_1$ 升到 $t_2$ 需要的总热量为 $Q=c\cdot m(t_2-t_1)$，其中 $c$ 为比热容，其单位为 kJ/(kg·K)。它随温度的升高和岩石孔隙含水量的增加而增大。根据定义有：在常温条件下，不同种类岩石的比热容变化不大，约为 0.84±0.15 kJ/(kg·K)，例如，花岗岩的比热容为 0.65 kJ/(kg·K)，石灰岩为 0.67～0.96 kJ/(kg·K)，砂岩为 0.8～0.92 kJ/(kg·K)。岩石的单位体积比热容变化也不大，为 1700～2100 kJ/(m$^3$·K)。岩石的单位质量比热容（$c_p$）与单位体积比热容（$c_V$）的关系为

$$c_V=c_p\rho \tag{4-15}$$

式中 $\rho$——岩石的集合体密度，kg/m$^3$。

岩石中的含水率与孔隙率对其比热容有较大影响，含水岩石的比热容为

$$c_f=\frac{Wc_w+mc_g}{W+m}$$

式中 $c_f$——含水岩石的比热容，kJ/(kg·K)；

$W$，$m$——岩石中水的质量和岩石干燥时的质量，kg；

$c_w$，$c_g$——常温下水和干燥岩石的比热容，水为 4.1868 kJ/(kg·K)。

混凝土和水泥砂浆的比热容为

$$c_h=\frac{c_{ch}m_{ch}+c_{sn}m_{sn}+c_{sh}m_{sh}}{m_{ch}+m_{sn}+m_{sh}}$$

式中 $c_{ch}$，$c_{sn}$，$c_{sh}$——砂子、水泥和碎石的比热容，kJ/(kg·K)；

$m_{ch}$，$m_{sn}$，$m_{sh}$——砂子、水泥和碎石的质量，kg。

3. 导温系数的测定

岩石的导温系数 $a$，又叫热扩散系数或扩散率，单位为 $m^2/s$。导温系数是一个综合性参数，它反映了岩石的热惯性特性，表示岩石在被加热或冷却时，各部分温度趋于一致的能力，即温度变化的速率。导温系数大的岩石对温度的变化反应快，即岩石的导温系数越大，岩石内部各处温度差别越小。岩石热扩散系数对于研究非稳态导热过程具有很重要的意义。在稳态热传导过程中，热扩散系数一般是根据岩石的导热系数（$\lambda$）、比热容（$c$）和密度（$\rho$）的测量数据计算得到的。即

$$a = \frac{\lambda}{c\rho} \tag{4-16}$$

目前，煤与岩石的热物理参数现在还不能在天然赋存条件下进行直接测定，绝大多数情况是在实验室采用专门的测试仪器来测量，然后根据实验结果来评价其在天然状态下的导热性能。

导温系数 $a$ 与温度的关系见表 4-3。

表 4-3　一定温度下不同岩石所对应的导温系数　　$\times 10^{-6}\ m^2/s$

| 温度/℃ | 350 | 400 | 500 | 600 | 700 | 800 | 900 | 1000 | 1100 |
|---|---|---|---|---|---|---|---|---|---|
| 花岗岩 | 5.94 | 5.29 | 3.78 | 2.45 | 1.73 | 1.40 | 1.22 | 1.26 | 1.33 |
| 玄武岩 | 2.67 | 2.23 | 2.20 | 2.16 | 2.05 | 1.87 | 1.40 | 1.30 | 1.40 |
| 辉岩 | 5.08 | 4.68 | 3.96 | 3.20 | 2.63 | 2.48 | 2.41 | 2.38 | 2.27 |

4. 岩石的蓄热系数

岩石的蓄热系数 $b$ 表示其蓄热能力的综合性热物理参数，它与热导率 $\lambda$、比热容 $c$ 和密度 $\rho$ 的关系可用下式表示：

$$b = 1.1284\sqrt{\lambda c\rho} \tag{4-17}$$

式中　$b$——岩石的蓄热系数，$kJ/(s^{0.5} \cdot m^2 \cdot K)$。

## 二、围岩与风流热湿交换系数

在围岩与风流热、湿交换问题中，还有几个关键的热力参数，这些参数确定的准确与否，将影响整个热环境工程的计算精度。

1. 岩壁与风流间的对流换热系数

岩壁与风流间的对流换热系数 $\alpha$，单位为 $W/(m^2 \cdot ℃)$。流体和固体直接接触时相互换热的过程称为对流换热。在对流换热的过程中既包括流体位移所产生的对流作用，同时也包括流体分子之间的导热作用。在研究围岩与风流间的热湿交换中，多半是井巷壁面岩石向风流放热。因此，矿内常把此参数称为巷壁对风流的放热系数，简称放热系数。放热系数不是物性值，而是与风速、风温、围岩导热系数、空气的比热、密度、动力黏性系数、壁面几何尺寸与形状等有关的复杂函数，理论上很难加以确定，目前 $\alpha$ 数值的确定是采用以相似理论为指导的实验与现场实测互相检验修正的方法。

稳定放热中干燥巷道壁对风流的放热系数，是根据矿井通风的受迫流动特征，其准则方程式可用下列函数形式表达：

$$Nu = CRe^m Pr^n \tag{4-18}$$

式中　　$Nu$——努塞尔特准则数；

$$Nu = \frac{\alpha D_0}{\lambda}$$

$\alpha$——放热系数，W/(m²·℃)；

$D_0$——巷道当量直径，m；

$$D_0 = \frac{4S}{U}$$

$\lambda$——平均温度下的风流热导率导，W/(m·℃)；

$S$——巷道的断面积，m²；

$U$——巷道的周长，m；

$Re$——雷诺准则数；

$$Re = \frac{vD_0}{\mu}$$

$\mu$——空气运动黏性系数，m²/s；

$v$——空气流速，m/s；

$Pr$——普兰特准则数，$Pr = \frac{rc_p\rho}{\lambda}$；按矿内空气流动情况，由于空气温度变幅不大，所以 $Pr$ 变化不大，在实际计算中，可以近似地把 $Pr$ 作常数处理；

$C$，$m$，$n$——实验决定的常数，$C$ 取决于巷道断面形状，$m$ 取决于巷道支护类型及尺寸，$n$ 取决于流体状况。

目前最常用的方法是取常温附近空气的 $Pr$ 为常数和系数 $C$ 相乘，在考虑巷道壁粗糙度用修正系数 $\varepsilon$ 修正，得到下式：

$$Nu = 0.0195\varepsilon Re^{0.8} \tag{4-19}$$

式中　$\varepsilon$——巷道壁粗糙度系数。

由以上分析，巷道壁对风流的放热系数为

$$\alpha = \frac{Nu\lambda}{D_0} = 0.0195\varepsilon Re^{0.8}\frac{\lambda}{D_0} \tag{4-20}$$

空气在 25 ℃时，式（4-20）可变为

$$\alpha = 3.885\varepsilon \frac{\nu_B^{0.8}\rho^{0.8}U^{0.2}}{S^{0.2}} \tag{4-21}$$

又因为

$$v_B = \frac{M_B}{\rho \cdot S}$$

故式（4-21）可变为

$$\alpha = 3.885\varepsilon \frac{M_B^{0.8}U^{0.2}}{S} \tag{4-22}$$

式（4-20）最后可简化为

$$\alpha = 3.885\varepsilon v_B^{0.8} \tag{4-23}$$

可见放热系数主要取决于风速和巷道的壁面状况。不同巷道壁面状况 $\varepsilon$ 值的取值范围见表 4－4。

表 4－4　不同巷道及壁面状况 $\varepsilon$ 值的取值范围

| 巷道及壁面状况 | 光滑壁 | 运输大巷 | 运输平巷 | 锚喷巷道 | 有支柱巷道 | 回采面 |
|---|---|---|---|---|---|---|
| $\varepsilon$ 值 | 1.00 | 1.00～1.65 | 1.65～1.65 | 1.65～1.75 | 2.20～3.10 | 2.50～3.10 |

2. 围岩与风流之间不稳定换热系数

围岩与风流之间不稳定换热系数 $K_\tau$ 是围岩的热物理性质、井巷形状尺寸、通风强度及通风时间等的函数。其定义和计算方法见第三章围岩放热。

3. 表示巷道壁潮湿程度的参数

表示巷道中风流潮湿的状态，常用的有空气的相对湿度、含湿量。但风流与围岩的热交换与巷道壁面的潮湿状态关系很大，这是因为巷道壁面干燥时，从围岩通过巷道壁面向风流放热的热量，全部消耗于风流干球温度上升的显热上，而当巷道壁面潮湿时，从围岩放出的一部分热量作为水蒸气的蒸发潜热被消耗掉，剩余部分才用于风流温度的上升。表示巷道壁潮湿程度的参数主要有以下几个：

1）放湿系数

巷壁与风流间在单位湿势差（一般用饱和水蒸气压力差表示）作用下，单位时间从单位面积巷道壁面上传给风流的湿量，称为放湿系数，用 $\beta$ 表示：

$$\beta = \frac{\varphi_1 p_b(t_1) - \varphi_2 p_b(t_2)}{p_{full} - p_\varphi} \frac{\alpha D_w}{\lambda_a} \tag{4-24}$$

式中　$\varphi_1$，$\varphi_2$——巷道起点和终点的相对湿度；

$p_b(t_1)$，$p_b(t_2)$——起点风温 $t_1$ 和终点风温 $t_2$ 下的饱和蒸汽压，Pa；

$p_{full}$，$p_\varphi$——相对湿度 $\varphi = 100\%$ 时和 $\varphi$ 为某值时的传湿势差，$p_{full} = 100$ Pa；当相对湿度 $\varphi > 80\%$ 时，$p_\varphi = (\varphi - 0.7)/0.003$；

$D_w$——空气中水蒸气在其分压差作用下的扩散系数，kg/(m·s·Pa)；

$$D_w = 0.00023 \times \frac{273 + t_B}{p}$$

$t_B$——平均风温，℃；

$p$——巷道风流的大气压，Pa；

$\lambda_a$——空气的导热系数，W/(m·K)，标准状态下为 $2.1 \times 10^{-2}$ W/(m·K)。

壁面对风流的放湿系数 $\beta$ 的经验值可按表 4－5 选取。

表 4－5　$\beta$ 值的选取

| 井巷类型 | $\beta$ 值/(kg·m$^{-2}$·h$^{-1}$·mmHg) |
|---|---|
| 井筒 | 0.01 |
| 主要巷道和运输巷道 | 0.015 |
| 工作面 | 0.01～0.04 |

2）显热比

当巷道壁潮湿时，如无其他热源，则围岩通过巷道壁放散的热量等于显热与潜热之和。风流总热量与该区段焓增量 $\Delta_i$ 的关系有 $Q_{ck}=M_B\Delta i$，该区段显热有 $Q_x=M_Bc_p\Delta t_a$，则定义显热比为

$$\varepsilon=\frac{Q_x}{Q_{ck}}=\frac{M_Bc_p\Delta t_a}{M_B\Delta i}=\frac{c_p\Delta t_a}{\Delta i} \tag{4-25}$$

从式（4－25）来看，空气的定压比热 $c_p$ 是个常数，风温差 $\Delta t_a$ 和焓差 $\Delta i$ 都能够容易实际测定出来，所以该区段的显热比便容易求得。

4. 巷道潮湿率 $f_{cs}$

潮湿率是以蒸发水量之比表示任意壁面的潮湿程度，并不是被水覆盖的壁面部分占巷道总表面积之比。$f_{cs}$的定义，简化了包含水蒸发的潮湿巷道壁向风流放热量的计算。各种不同井巷类型的$f_{cs}$值可以在现场测算求得。一般来说，$f_{cs}$值在0.1左右。

## 第三节　矿井热交换计算

### 一、干空气的热交换计算

应用干空气热力学分析法分别对风流流经水平巷道和垂直巷道时进行热交换计算。

1. 风流流经水平巷道

在水平巷道内，当没有动能和位能的变化及做功时，由于冲击损失和摩擦损失而耗损的功量为

$$E=\frac{nR(T_1-T_2)}{n-1}\quad (T_1\neq T_2) \tag{4-26}$$

在等温过程

$$E=RT_1\ln\frac{p_1}{p_2}\quad (T_1=T_2) \tag{4-27}$$

式中　$R$——空气的气体常数，kJ/(kg·K)；

$T_1$，$T_2$——巷道始、终端的风温，K；

$p_1$，$p_2$——巷道始、终端空气压力，kPa；

不可压缩流体的摩擦阻力损失 $h_f$ 为

$$h_f=f\frac{ULv^2\rho}{8S}\quad 或\quad h_f=f\frac{UL\rho}{8S^3}Q_B^2 \tag{4-28}$$

式中　$f$——由巷道壁的粗糙度和流体状态所决定的常数，又称为达西系数，无因次；

$U$，$L$——巷道周长和长度，m；

$v$——风速，m/s；

$\rho$——空气密度，kg/m$^3$；

$S$——巷道横断面积，m$^2$；

$Q_B$——通过巷道的风量，m$^3$/s。

在矿井通风的精确计算中，应采用质量风量，而不采用容积风量。

采用质量风量时风流通过井巷的摩擦阻力损失 $h_f$ 为

$$h_f = f\frac{UL}{8S^3\rho}M_B^2 \tag{4-29}$$

式中 $M_B$——质量风量，kg/s。

计算巷道中空气的密度要用巷道中的气压和温度值：

$$\rho = \frac{p}{RT} \tag{4-30}$$

【例题 4-1】水平巷道直径为 $D = 10$ m，长 $L = 3000$ m；巷道入口处 $v = 10$ m/s，$p_1 = 101.325$ kPa，$t_1 = 10$ ℃；围岩放热量 $q_{gu} = 5$ kJ/kg，达西系数 $f = 160\times10^{-3}$。设风速 $v$ 为不变，确定风流在出口的状态参数和摩擦阻力损失。

**解** 风流通过巷道的热平衡方程为 $c_p(t_2 - t_1) = q_{gu}$，则有风流终温为

$$t_2 = \frac{5 + 10\times1.0045}{1.0045} = 14.98\ ℃ = 288.13\ \text{K}$$

$$\rho_1 = \frac{p_1}{RT_1} = \frac{101.325}{0.287\times(273.15+10)} = 1.24686\ \text{kg/m}^3 \qquad \nu_1 = \frac{1}{\rho_1} = 0.80201\ \text{m}^3/\text{kg}$$

$$h_f = f\frac{ULv^2\rho_1}{8S} = 2.9925\ \text{kPa}$$

$$p_2 = p_1 - h_f = 101.325 - f\frac{ULv^2\rho_1}{8S} = 101.325 - 2.9925 = 98.3325\ \text{kPa}$$

$$\rho_2 = \frac{p_2}{RT_2} = \frac{98.3325}{0.287\times288.13} = 1.18912\ \text{kg/m}^3 \qquad \nu_2 = \frac{1}{\rho_2} = 0.84096\ \text{m}^3/\text{kg}$$

风流的平均密度 $\rho_B$ 为

$$\rho_B = \frac{1}{2}\times(\rho_1 + \rho_2) = \frac{1}{2}\times(1.24686 + 1.18912) = 1.21799\ \text{kg/m}^3$$

校正摩擦阻力损失为

$$h_f' = f\frac{ULv^2\rho_B}{8S} = \frac{160\times10^{-3}\times10\pi\times3000\times10^2\times1.21799\times10^{-3}}{8\times\frac{1}{4}\pi\times10^2} = 2.9232\ \text{kPa}$$

则水平巷道的出口空气气压 $p_2'$ 为

$$p_2' = p_1 - h_f' = 101.325 - 2.9232 = 98.4018\ \text{kPa}$$

$$\rho_2' = \frac{p_2'}{RT_2} = \frac{98.4018}{0.287\times288.13} = 1.18996\ \text{kg/m}^3$$

风流新的平均密度 $\rho_B'$ 为

$$\rho_B' = \frac{\rho_1 + \rho_2'}{2} = \frac{1}{2}\times(1.24686 + 1.18996) = 1.21841\ \text{kg/m}^3$$

巷道摩擦阻力 $h_f''$ 的新值为

$$h_f'' = f\frac{ULv^2\rho_B'}{8S} = \frac{160\times10^{-3}\times10\pi\times3000\times10^2\times1.21841\times10^{-3}}{8\times\frac{1}{4}\pi\times10^2} = 2.9294\ \text{kPa}$$

空气最终气压 $p_2''$ 为

$$\rho_2'' = p_1 - h_f'' = 101.325 - 2.9242 = 98.4008\ \text{kPa}$$

$$\rho_2'' = \frac{p_2''}{RT_2} = \frac{98.4008}{0.287 \times 288.13} = 1.1899 \text{ kg/m} \qquad \nu_2'' = \frac{1}{\rho_2''} = 0.8404 \text{ m}^3/\text{kg}$$

2. 风流流经垂直巷道

首先考虑进风和回风巷道中无动能变化的单一情况。设在有或无摩擦的状况中，获得的能量和失去的能量是相等的。

普遍能量方程式为

$$q = (i_2 - i_1) + (E_{v2} - E_{v1}) + (E_{Z2} - E_{Z1}) = \Delta i + \Delta E_v + \Delta E_Z \tag{4-31}$$

$$n = \frac{\ln(p_1/p_2)}{\ln(\nu_2/\nu_1)}$$

$$\Delta E_v + \Delta E_Z + E_2 = \frac{nR(t_1 - t_2)}{n-1} \tag{4-32}$$

符号规定：在进风井筒中，$\Delta E_Z$ 为负值，在出风井筒中，$\Delta E_Z$ 为正值，$E_2$ 恒为正值。

式中　$\Delta E_v$——动能增量，J/kg；

$\Delta E_Z$——位能增量，J/kg；

$\Delta i$——焓增量，J/kg；

$p_1$，$p_2$——1，2 点气压，Pa；

$\nu_1$，$\nu_2$——1，2 点比体积，$\text{m}^3/\text{kg}$；

$t_1$，$t_2$——1，2 点气温，℃；

$E_2$——冲击和摩擦能耗，J/kg。

【例题 4-2】风流流经 3000 m 深的进风井筒，损耗功为 4300 J/kg，系绝热流动，设路径方程为 $p\nu^n = C$，其中井筒入口处 $p_1 = 101.325$ kPa，$T_1 = 283.15$ K，确定在有与没有摩擦的状况下系统出口风流的状态参数与损耗功。

**解**　(1) 风流进入井筒的状态。

$$\nu_1 = \frac{283.15 \times 0.287}{101.325} = 0.80201 \text{ m}^3/\text{kg}$$

由 $\Delta i = c_p\ (T_2 - T_1)$ 和 $\Delta i = -g(Z_2 - Z_1)$ 得

$$c_p(T_2 - T_1) = -g(Z_2 - Z_1)$$

故有：

$$T_2 = \frac{-g(Z_2 - Z_1)}{c_p} + T_1$$

$$T_2 = 283.15 - \frac{9.81 \times (0 - 3000)}{1004.5} = 312.438 \text{ K}$$

对于无摩擦的情况：

$$\Delta E_Z = \frac{nR(T_2 - T_1)}{1-n}$$

$$\frac{n}{1-n} = \frac{9.81 \times (0 - 3000)}{287 \times (312.438 - 283.15)} = -3.500019$$

$$p_2 = p_1\left(\frac{T_2}{T_1}\right)^{n/(n-1)} = 101.325 \times \left(\frac{312.438}{283.15}\right)^{3.500019} = 142.999 \text{ kPa}$$

$$\nu_2=\frac{RT_2}{p_2}=\frac{312.438\times287}{142999}=0.627065\ \mathrm{m^3/kg}$$

对于有摩擦的情况：

$$\Delta E_z+E_2=\frac{nR(T_2-T_1)}{1-n}$$

$$\frac{n}{1-n}=\frac{\Delta E_Z+E_2}{R(T_2-T_1)}=\frac{9.81\times(0-3000)+4300}{287\times(312.438-283.15)}=-2.989654$$

$$p_2'=p_1\left(\frac{T_2}{T_1}\right)^{n/(n-1)}=101.325\times\left(\frac{312.438}{283.15}\right)^{2.989654}=135.993\ \mathrm{kPa}$$

$$\nu_2'=\frac{RT_2}{p_2'}=\frac{312.438\times287}{135993}=0.65937\ \mathrm{m^3/kg}$$

（2）风流进入回风井筒的状态。

风流进入井筒的状态为

$$p_1=142.999\ \mathrm{kPa}\qquad T_1=312.438\ \mathrm{K}$$

对于无摩擦的情况：

$$p_2=101.325\ \mathrm{kPa}\qquad T_2=283.15\ \mathrm{K}$$

对于有摩擦的情况：

$$\frac{n}{1-n}=\frac{\Delta E_Z+E_2}{R(T_2-T_1)}=\frac{9.81\times(3000-0)+4300}{287\times(283.15-312.438)}=-4.012774$$

$$p_2'=142.999\times\left(\frac{283.15}{312.438}\right)^{4.012774}=96.338\ \mathrm{kPa}$$

$$\nu_2'=\frac{283.15\times287}{96.338\times10^3}=0.8435\ \mathrm{m^3/kg}$$

【例题 4－3】风流向下流经一个直径为 6 m 的井筒，井深为 3000 m，大气压力（静压）和温度分别为 101.325 kPa 和 10 ℃，进入井筒的风速为 10 m/s，围岩对风流的吸热量为 5kJ/kg，增加动能的过程有 50% 是有用的。即井口的冲击损失等于动能（J/kg）。标准密度时 $f=160\times10^{-3}$，求风流在井筒底部的状态参数。

**解** （1）空气刚进入井筒时：动能增加量 $\Delta E_{v1}=1/2\times10^2=50$ J/kg，即冲击损失 $E_1'$ 为 50 J/kg，设过程是绝热的和不可逆的（无充足的时间进行有效的热交换），则能量方程为：

$$c_p\Delta t=-\Delta E_{v1}$$

$$\Delta t=\frac{-\Delta E_{v1}}{c_p}=\frac{-50\times10^{-3}}{1.0045}=-0.05\ ℃$$

$$t_1'=t_1-0.05=9.95\ ℃$$

设路径 $P\nu=C$，则

$$\frac{nR(t_1-t_1')}{n-1}=\Delta E_{v1}+E_1'$$

$$\frac{n}{n-1}=\frac{\Delta E_{v1}+E_1'}{R(t_1-t_1')}=\frac{50+50}{287\times0.05}=6.968641$$

$$T_1=273.15+10=283.15\ \mathrm{K}\qquad T_1'=273.15+9.95=283.10\ \mathrm{K}$$

$$p_1' = p_1\left(\frac{T_1'}{T_1}\right)^{n/(n-1)} = 101.325 \times \left(\frac{283.10}{283.15}\right)^{6.968641} = 101.200\ \text{kPa}$$

$$\nu_1' = \frac{283.15 \times 287}{101.200 \times 10^3} = 0.80300\ \text{m}^3/\text{kg}$$

由于 $$\nu_1 = \frac{283.15 \times 287}{101.325 \times 10^3} = 0.80201\ \text{m}^3/\text{kg}$$

可知 $\nu_1 \approx \nu_1'$，有

$$\Delta p = \frac{-(\Delta E_{v1} + E_1')}{\nu_1} = \frac{-(50+50)}{0.80201} = -125\ \text{kPa}$$

$$p_1' = 101.325 - 0.125 = 101.200\ \text{kPa}$$

（2）井底的风流参数。

① 第一次迭代：

$$q = \Delta i + \Delta E_Z + \Delta E_v$$

式中 $\Delta E_v$——动能增量，J/kg；

$\Delta E_Z$——位能增量，J/kg。

$$\Delta i = q - \Delta E_Z - \Delta E_v$$

忽略 $\Delta E_v$ 时，有：

$$c_p \Delta t = \Delta i = q - \Delta E_Z = -5000 + 9.80665 \times 3000 = 24419.95$$

$$\Delta t = 24.31\ ℃$$

$$t_2 = 9.95 + 24.31 = 34.26\ ℃ \qquad T_2 = 273.15 + 34.26 = 307.41\ \text{K}$$

风流通过井筒的摩擦能耗：

$$E_2 = f\frac{ULv_1^2}{8S} = \frac{160 \times 10^{-3} \times \pi \times 6 \times 3000 \times 10^2}{8 \times \frac{1}{4} \times \pi \times 6^2} = 4000\ \text{J/kg}$$

$$\frac{n}{1-n} = \frac{\Delta E_Z + E_2}{R\Delta t} = \frac{-9.80665 \times 3000 + 4000}{287 \times 24.31} = -3.643408$$

$$p_2 = p_1'\left(\frac{T_2}{T_1'}\right)^{n/n-1} = 101.200 \times \left(\frac{307.41}{283.10}\right)^{3.643408} = 136.626\ \text{kPa}$$

$$\nu_2 = \frac{RT_2}{p_2} = \frac{287 \times 307.41}{136626} = 0.64575\ \text{m}^3/\text{kg}$$

流速：

$$v_2 = v_1\frac{\nu_2}{\nu_1'} = 10 \times \frac{0.64575}{0.80300} = 8.04\ \text{m/s}$$

井底的动能：

$$E_{v2} = \frac{1}{2} \times 8.04^2 = 32\ \text{J/kg}$$

温度增量：

$$\Delta t_2 = \frac{50-32}{1.0045 \times 10^3} = 0.02\ ℃$$

井底风流温度：

$$t_2' = 34.26 + 0.02 = 34.28\ ℃$$

② 第二次迭代：

平均风速为

$$\nu_m = \frac{1}{2} \times (10 + 8.04) = 9.02\ \text{m/s}$$

$$E_2' = E_2 \left(\frac{\nu_m}{\nu_1}\right)^2 = 4000 \times \left(\frac{9.02}{10}\right)^2 = 3254\ \text{J/kg}$$

平均动能的50%为有用的，则

$$E_{v_2}' = \frac{1}{2} \times 9.02^2 = 40\ \text{J/kg}$$

$$E_{v_m} = \frac{1}{2} \times (32 + 40) \times 50\% = 18\ \text{J/kg}$$

设动能减少是不可逆的，则有：

$$E_2'' = 3254 + 18 = 3272\ \text{J/kg}$$

$$\frac{n}{n-1} = \frac{\Delta E_v + \Delta E_Z + E_2''}{R(t_1 - t_2)} = \frac{-18 - 3000 \times 9.80665 + 3272}{287 \times (9.95 - 34.28)} = 3.747225$$

$$p_2' = 101.200 \times \left(\frac{307.43}{283.10}\right)^{3.747225} = 137.834\ \text{kPa}$$

$$\nu_2' = \frac{287 \times 307.43}{137.834 \times 10^3} = 0.64014\ \text{m}^3/\text{kg}$$

$$v_2' = 10 \times \frac{0.64014}{0.80286} = 7.97\ \text{m/s}$$

$$E_{v2}' = \frac{1}{2} \times 7.97^2 = 32\ \text{J/kg}$$

## 二、湿空气的热交换计算

湿空气由干空气、水蒸气和少量水组成。湿空气的热交换计算过程包括以下几个基本公式：

（1）湿空气的含湿量：

$$d = 0.622 \frac{p_w}{p - p_w} \tag{4-33}$$

（2）井巷始端空气的焓：

$$i_1 = c_p t_1 + 2501 d_1 = c_p t_1 + d_1 i_{b1} \tag{4-34}$$

（3）井巷终端空气的焓：

$$i_2 = i_1 + (x_2 - x_1) i_{fw}$$

或

$$i_2 = c_p t_2 + d_2 i_{b2} = c_p t_1 + d_1 i_{b1} + i_{f2}(d_2 - d_1) \tag{4-35}$$

$$i_{fb2} = i_{b2} - i_{f2}$$

式中　$i_b$——饱和水蒸气的焓，J/kg；

$i_{fw}$——饱和水的焓，J/kg；

$i_{f2}$——气温为 $t_2$ 时饱和水的焓，J/kg；

$p$，$p_w$——大气压力和水蒸气的分压力，Pa；

$d_2-d_1$——水分蒸发量，kg/kg。

【例题4-4】湿空气（绝热过程）流入巷道的参数：温度 $t_1=25$ ℃，压力 $p=100$ kPa；流出量温度 $t_2=15$ ℃，饱和水和饱和水蒸气等热力参数见表4-6。

试确定：①流入空气的含湿量；②流入空气的水蒸气的分压力；③流入空气的相对湿度；④流入空气的露点温度；⑤流入空气的焓值；⑥蒸发水分的焓值。

表4-6　饱和水和饱和水蒸气的热力参数

| 温度 $T$/℃ | 压力 $p$/kPa | 比体积/($m^3\cdot kg^{-1}$) | | 热力学能比/($kJ\cdot kg^{-1}$) | | | 比焓/($kJ\cdot kg^{-1}$) | | | 比熵/[$kJ\cdot (kg\cdot K)^{-1}$] | | |
|---|---|---|---|---|---|---|---|---|---|---|---|---|
| | | 饱和水 $v_{fb}$ | 饱和水蒸气 $v_b$ | 饱和水 $u_f$ | 热力学能增量 $\Delta u$ | 饱和水蒸气 $u_b$ | 饱和水 $i_f$ | 汽化潜热 $r$ | 饱和水蒸气 $i_b$ | 饱和水 $s_f$ | 熵差 $\Delta s$ | 饱和水蒸气 $s_b$ |
| 0.01 | 0.6113 | 0.001 | 206.14 | 0.00 | 2375.3 | 2375.3 | 0.01 | 2501.3 | 2501.4 | 0.0000 | 9.1562 | 9.1562 |
| 5 | 0.8721 | 0.001 | 147.12 | 20.97 | 2361.3 | 2382.3 | 20.98 | 2489.6 | 2510.6 | 0.0761 | 8.9496 | 9.0257 |
| 10 | 1.2276 | 0.001 | 106.38 | 42.00 | 2347.2 | 2389.2 | 42.01 | 2477.7 | 2519.8 | 0.1510 | 8.7498 | 8.9008 |
| 15 | 1.7051 | 0.001 | 77.93 | 62.99 | 2333.1 | 2396.1 | 62.99 | 2465.9 | 2528.9 | 0.2245 | 8.5569 | 8.7814 |
| 20 | 2.339 | 0.001 | 57.79 | 83.95 | 2319.0 | 2402.9 | 83.96 | 2454.1 | 2538.1 | 0.2966 | 8.3706 | 8.6672 |
| 25 | 3.169 | 0.001 | 43.36 | 104.88 | 2304.9 | 2409.8 | 104.89 | 2442.3 | 2547.2 | 0.3674 | 8.1905 | 8.5580 |
| 30 | 4.246 | 0.001 | 32.89 | 125.78 | 2290.8 | 2416.6 | 125.79 | 2430.5 | 2556.3 | 0.4369 | 8.0164 | 8.4533 |
| 35 | 5.628 | 0.001 | 25.22 | 146.67 | 2276.7 | 2423.4 | 146.68 | 2418.6 | 2565.3 | 0.5053 | 7.3478 | 8.3531 |
| 40 | 7.384 | 0.001 | 19.52 | 167.56 | 2262.6 | 2430.1 | 167.57 | 2406.7 | 2574.3 | 0.5725 | 7.6845 | 8.2570 |
| 45 | 9.593 | 0.001 | 15.26 | 188.44 | 2248.4 | 2436.8 | 188.45 | 2394.8 | 2583.2 | 0.6387 | 7.5261 | 8.1648 |
| 50 | 12.349 | 0.001 | 12.03 | 209.32 | 2234.2 | 2443.5 | 209.33 | 2382.7 | 2592.1 | 0.7038 | 7.3725 | 8.0763 |
| 55 | 15.758 | 0.001 | 9.568 | 230.21 | 2219.9 | 2450.1 | 230.23 | 2370.7 | 2600.9 | 0.7679 | 7.2234 | 7.9913 |

**解**　(1) 由饱和水和饱和水蒸气的热力学参数表（表4-6）查出：

$$p_{b1}=3.169\ \text{kPa}$$

$$i_{b1}=2547.2\ \text{kJ/kg}$$

$$p_{b2}=1.7051\ \text{kPa}$$

饱和水蒸气的焓：

$$i_{b2}=2528.9\ \text{kJ/kg}$$

饱和水的焓：

$$i_{f2}=62.99\ \text{kJ/kg}$$

$$i_{fb2}=2528.9-62.99=2465.91\ \text{kJ/kg}$$

$$d_2=0.622\times\frac{1.7051}{100-1.7051}=0.01079\ \text{kg/kg}$$

流入空气的含湿量：

$$d_1=\frac{1.005\times(15-25)+0.01079\times2465.91}{2547.2-62.99}=0.0067\ \text{kg/kg}$$

(2) 流入空气的水蒸气的分压力：

$$p_{w1}=\frac{d_1p}{0.622+d_1}=\frac{0.0067\times100}{0.622+0.0067}=1.0657\ \text{kPa}$$

（3）流入空气的相对湿度：

$$\varphi_1=\frac{1.0657}{3.169}=33.6\%$$

（4）流入空气的露点温度：

由 $p_{w1}=1.0657\ \text{kPa}$ 在表 4－6 中查出：

$$\frac{t_{e1}}{5}=\frac{1.0657}{0.8721}$$

$$t_{e1}=\frac{1.0657}{0.8721}\times5=6.11\ ℃$$

$$t_{e2}=\frac{1.0657}{1.2276}\times10=8.68\ ℃$$

$$t_e=\frac{1}{2}\times(8.68+6.11)=7.395\ ℃$$

（5）流入空气的焓值：

$$i_1=c_pt_1+d_1i_{b1}=1.005\times25+0.0067\times2547.2=42.19\ \text{kJ/kg}$$

（6）蒸发水分的焓值：

$$i_{fw}=i_{f2}(d_2-d_1)=62.99\times(0.01079-0.0067)=0.2576\ \text{kg/kg}$$

## 第四节　热交换对自然风压的影响

应用矿井进、回风井空气温差而引起的风压变化的基本原理已有几个世纪了，最初是在井底生火，以增加风量。用重力法分析上述情况得知，冷空气柱的压力增量要大于热空气柱的压力增量，故两个井筒存在压力差。然而，这一原理过于简单，因此必须用热力学的方法来分析所伴随发生的各个过程。

### 一、干空气的热力过程分析

为了便于分析，设干空气流经一理想井筒，其条件是：

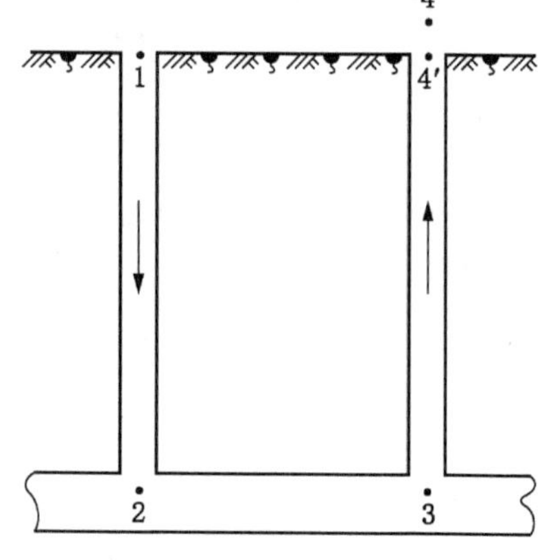

图 4－2　简单矿井通风系统

（1）井筒中无摩擦和冲击损失。

（2）无动能变化。

（3）井筒内为绝热过程。

（4）在工作区将有能量增加。

（5）无蒸发并无其他气体混入。

（6）两个井筒的大气压力相等。

简单矿井通风系统如图 4－2 所示，空气将发生如下过程：1－2（进风井）为一可逆绝热过程。2－3（井下巷道）为定压膨胀过程。其原因是：标高不变，无动能变化，系统没有对外或对内做功（无风机），无摩擦和冲击损失。因热量增加而导致温度上升，在定压下，温升致使比容加大，故为膨胀过程。3－4（回风井）为可逆膨胀过程。4－1（地面大气）为定压过程。

过程1－2，对于理想气体，$c_p(t_2-t_1)=g(Z_1-Z_2)$，由此式，已知 $t_1$ 和 $Z_1$、$Z_2$ 时可求出 $t_2$ 值。可逆过程的方程为 $p\nu^k=C$，$k=c_p/c_V$，$p_2\nu_2^k/p_1\nu_1^k=1$，$p_2=p_1(\nu_1/\nu_2)^k$，又由于 $p_1\nu_1=RT_1$，$p_2=p_1(T_1/T_2)^k(p_2/p_1)^k$；而 $p_2\nu_2=RT_2$，$(\nu_1/\nu_2)=(p_2/p_1)\times(T_1/T_2)$，$(T_2/T_1)^k p_1^{k-1}=p_2^{k-1}$；

井底空气压力为 $p_2=p_1(T_2/T_1)^{k/(k-1)}$，对于空气，$k=1.4$。

过程2－3，能量方程为 $q_3=i_3-i_2=c_p(t_3-t_2)$；$p_2=p_3$（路径方程）。

因而，若已知热交换量 $q_3$ 或3点的温度，便可求出3点的空气状态。大多数矿井回风井井底接近于原始岩温。因此，可确定 $t_3$，并解算出热交换量。

过程3－4（回风井）：因为 $c_p(t_2-t_1)=g\Delta Z$，$c_p(t_3-t_4)=g\Delta Z$，所以 $(t_2-t_1)=(t_3-t_4)$。

过程4－1（地面）：空气排放的热量为 $q_1=c_p(t_1-t_4)$。

【例题4－5】理想矿井，$p_1=101.325$ kPa，$t_1=5$ ℃，$\Delta Z=3000$ m。绝热、无摩擦、无冲击损失、无动能耗，回风井底 $t_3=40$ ℃。

**解**　确定各点的空气状态：

1点：　$T_1=273.15+5=278.15$　　$p_1=101.325$ kPa

$$\nu_1=\frac{0.287\times278.15}{101.325}=0.78785\ \mathrm{m^3/kg}$$

2点：由 $c_p(T_2-T_1)=-g\Delta Z$ 得

$$T_2=T_1+\frac{-g\Delta Z}{c_p}=278.15+\frac{-9.81\times(-3000)}{1004.5}=307.448\ \mathrm{K}$$

空气的绝热指数　　$k=1.4$

$$p_2=p_1\left(\frac{T_2}{T_1}\right)^{k/(k-1)}=101.325\times\left(\frac{307.448}{278.15}\right)^{1.4/(1.4-1)}=143.860\ \mathrm{kPa}$$

$$\nu_2=\frac{RT_2}{p_2}=\frac{0.287\times307.448}{143.860}=0.61336\ \mathrm{m^3/kg}$$

3点：　$T_3=273.15+40=313.15\ K$　　$p_3=p_2=143.860$ kPa

$$\nu_3=\frac{RT_3}{p_3}=\frac{0.287\times313.15}{143.860}=0.62473\ \mathrm{m^3/kg}$$

4′点：由 $c_p(T_4'-T_3)=-g\Delta Z$ 得

$$T_4'=T_3-\frac{g\Delta Z}{c_p}=313.15-\frac{9.81\times3000}{1004.5}=283.852\ \mathrm{K}$$

$$p_4'=p_3\left(\frac{T_4'}{T_3}\right)^{k/k-1}=143.860\times\left(\frac{283.852}{313.15}\right)^{1.4/0.4}=102.007\ \mathrm{kPa}$$

$$\nu_4'=\frac{RT_4'}{p_4'}=\frac{0.287\times283.852}{102.007}=0.79863\ \mathrm{m^3/kg}$$

4点：　$p_4=101.325$ kPa　　$T_4=T_4'\left(\dfrac{p_4}{p_4'}\right)^{k-1/k}=283.852\times\left(\dfrac{101.325}{102.007}\right)^{0.4/1.4}=283.308\ \mathrm{K}$

$$v_4 = \frac{RT_4}{p_4} = \frac{0.287 \times 283.308}{101.325} = 0.80246 \text{ m}^3/\text{kg}$$

工作区的热增量：

$$q_3 = c_p(t_3 - t_2) = 1004.5 \times (40 - 34.298) = 5727.7 \text{ J/kg}$$

## 二、湿空气流的自然风压计算

矿内空气为湿空气，但干空气的热力学分析原理同样适用于湿空气。

设巷道始端的空气压力为 $p_1$，在空气静止时，可按下式计算巷道终端空气压力：

$$p_2 = p_1 \exp\left(-\frac{g\Delta Z}{RT}\right) \tag{4-36}$$

在给定的通风网络中，任一条线路终端的空气压力为

$$p_k = p_1 \exp\left(-\sum_{i=1}^{k} \frac{g\Delta Z}{R_i T_i}\right) \tag{4-37}$$

自然风压为始端和终端压力之差为

$$h_e = p_k - p_1 = \left[p_1 \exp\left(\sum_{i=1}^{k} -\frac{g\Delta Z}{R_i T_i}\right) - 1\right] \tag{4-38}$$

自然风压表示在通风回路中热能推动 1 m$^3$ 空气所做的功。

## 三、自然风压产生的条件

由上述分析可见，在矿井通风系统中，自然风压的产生必须同时具备以下两个条件：

（1）存在有高差的回路。自然风压产生于垂直或倾斜的巷道中，这是产生自然风压的必要条件。回路可以全部由首尾相接的井巷构成，也可以将地面大气看成断面为无限大，阻力等于零的巷道，借助于地面大气构成回路。常见矿井通风系统如图 4－3 所示，回路中最低标高和最高标高点之间的高差，即是回路的高差。如图 4－3a 所示，1、4 两点同标高，2 点低于 3 点，高差 $Z_{1-2}$ 即为回路 1－2－3－4－1 的高差。在图 4－3b 中，0 与 5，1 点与 4 点标高相同，高差 $Z_{4-5}$ 为回路 0－1－3－4－5－6－0 的高差。

（2）回路两侧有高差的井巷中空气密度不等。回路中的最高标高和最低标高把回路分成两部分（两侧），这两部分有高差巷道中的空气密度平均值不等是产生自然风压的充分条件。如图 4－3a 所示，若回路 1－2－3－4－1 中的 1－2 巷道中空气密度不等于 2－3 和 3－4 中的平均值 $\rho_{(2-3-4)}$，则此回路中会产生自然风压。回路两侧有高差的巷道中空气柱质量之差，即是自然风压值，因此，自然风压 $h_e$ 也可用下式计算：

$$h_e = g\left(\sum Z_i \rho_{Bi} - \sum Z_j \rho_{Bj}\right) \tag{4-39}$$

$$\rho = 0.00349 \frac{p}{T} + 0.00134 \frac{p_w}{T} \tag{4-40}$$

式中 $Z_i$，$Z_j$——回路中一侧 $i$ 段和另一侧 $j$ 段的高度，m；

$\rho_{Bi}$，$\rho_{Bj}$——$i$ 段和 $j$ 段巷道中的空气平均密度，kg/m$^3$。

$$h_e = g\Delta Z(\rho'_{Bi} - \rho'_{Bj}) \tag{4-41}$$

式中 $\Delta Z$——回路的高差，m；

$\rho'_{Bi}$，$\rho'_{Bj}$——回路两侧空气柱的平均密度，kg/m$^3$。

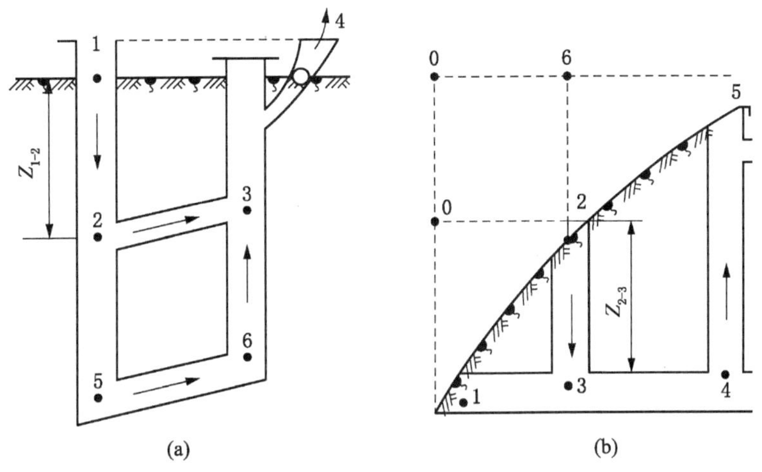

图4-3 矿井通风系统

### 四、自然风压的特性

1. 自然风压的方向

自然风压虽受风流温度、湿度、高差、大气压力和空气成分等多种因素的影响，但计算表明，在同一回路中，产生自然风压的主要原因是回路两侧的标高和空气温度（密度）的不同。因此，自然风压的方向与空气密度大的一侧的重力方向相同，即自然风压方向由空气密度大的一侧指向密度小的一侧，也就是自然风流的方向由气温低的一侧流向气温高的一侧。如图4-3b所示，0-1-2-3-4-5-6-0中，冬季$\rho_{B(0-1)}>\rho_{B(4-5)}$，即自然风压方向为0-1-3-4-5；在夏季$\rho_{B(0-1)}<\rho_{B(4-5)}$，此时风流方向为5-4。

2. 自然风压与风量的关系

在抽出式通风的矿井中，通风机一般安装在回风井口，回风井筒中的风流温度常年变化不大。因此，通风系统中的自然风压一般取决于进风筒的风温。在冬季，地面气温低，进风量大，则自然风压略有增大；在夏季，地面气温高于井下气温，如果自然风压为“+”，则自然风压随风量的增加而减少，如果自然风压为“-”，则自然风压随风量的增加而加大，如图4-4所示。

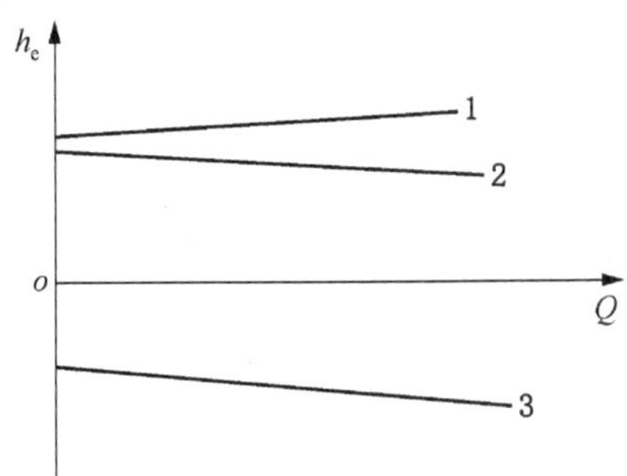

1—冬季正向自然风压；2—夏季正向自然风压；3—夏季负的自然风压

图4-4 自然风压与风量的关系

## 思 考 题

1. 热量传递的基本方式是什么？
2. 热力学第一定律的内容是什么？
3. 多变过程的状态变化规律是什么？
4. 矿井围岩热物理特性参数都有哪些？
5. 岩石热导率的概念及影响因素是什么？
6. 围岩与风流热湿交换系数有哪些？
7. 干空气流经水平及垂直巷道的热力学过程如何进行分析？
8. 自然风压的特性及产生的条件是什么？

# 第五章　矿井风流热力状态预测

## 第一节　矿井风流热力状态预测的任务及程序

在新矿井、新水平和新采区的设计中，为了预先计算出基建和投产后矿内风流的热力状态，必须对矿井风流的热力状态进行预测，为合理地（节能、经济、安全和环保）设计矿井开拓系统、生产系统和生产工艺、通风系统与降温系统提供必要的热力参数。

### 一、矿井风流热力状态预测的任务

（1）计算各类巷道相关特征点的全部风流参数（$t$，$\varphi$，$d$，$i$）。

（2）按热力因素选择合理的开拓系统和保证必要风量的通风系统。

（3）根据矿井风流热力状态预测的各项参数及相关规程规定，计算采掘工作面及相关工作场所的需冷量。

为了完成上述任务，必须确定各类巷道中风流参数的变化特征，这一特征取决于全部风流热力状态预测的结果。根据巷道始端已知的风流参数，巷道的几何尺寸和各种热源计算巷道终端的风流参数。风流参数的改变应符合合理的开拓系统和所必需的风流参数（即巷道始、终端的风流参数）。风流冷却的目的是保证采掘工作面及相关的工作场所的风流参数符合规程规定的气象卫生要求。

### 二、矿井风流热力状态预测的程序

（1）调查矿区附近气象站（台）近10年的气温、相对湿度和大气压力，以及历年的月平均值和年平均值。

（2）矿井风流热力状态预测的主要基础资料有：按采矿工艺设计提供的井巷的几何尺寸（长、断面尺寸、支护方式等），风量，矿区地面大气条件，井田地质地热状况，矿井生产系统以及各类热源的分布情况等。

（3）按照矿井风流热力状态预测的任务要求选择热计算方法，即正向（沿风流方向）热力计算和逆向（逆风流方向）热力计算的方法。

（4）确定岩石温度及其热物理参数。

（5）计算巷道围岩壁向风流的放热系数。

（6）确定围岩与风流间的不稳定换热系数。

（7）计算各类热源的放热量。

（8）计算巷道终端（正向计算）或始端（逆向计算）的风流参数及矿井需冷量。

## 第二节　矿井风流热力状态预测方法

矿井风温预测是矿井风流热力状态预测的核心，其预测方法较多，包括统计经验法、数理统计法和求解风流热平衡方程的方法。统计经验法采用笼统的经验估计值，预测精度低，并且由于矿井间差异很大，该法具有严重的局限性，方法较为原始，不过由于其方法简单，对于矿井生产管理人员作为井下热状况的一般估计尚可借鉴。数理统计法在分析大量现场观测资料的基础上，忽略造成随机偏差的次要因素，选出起决定作用的基本变量，建立预测模型，它能真实的反映矿井热力状态和变化，但是当它的应用超出范围时，预测误差较大，也具有局限性。本文对矿井风温的预测采用求解风流热平衡方程的方法。

采用单线路预测法（主干线路法），从已知节点（一般以入风井筒的地面井口为进风点）开始，顺风流方向，选择一条通往预测终点（一般为回采工作面出口）的主要风路，逐段预测，计算出相关特征点（如井底车场、一翼或采区进风点以及采掘工作面进风点等）的风流热状态参数。

根据热、湿交换过程的特点，矿井风流热力状态预测把巷道分为5类：井筒、水平巷道、倾斜巷道、回采工作面及掘进巷道。

### 一、井筒风流热状态预测方法

入风竖井或斜井的井底车场，是风温计算起点的重要节点，从井筒入风口至井底车场这一风流路线内，井筒入风口和井底车场两点的风温、湿度，关系到整个矿井热环境。风流通过井筒的热湿交换过程是相当复杂的，但在一般情况下有3个基本过程：风流的自身压缩过程、加湿过程以及井筒围岩的吸热和放热过程。

入风井筒的热湿交换，也同样遵循能量守恒定律，但与平巷相比还具有以下不同点：

（1）由于位能的变化，空气产生压缩热。

（2）入风井筒直通地面，受到地面温度较为强烈的影响。

（3）因存在垂直的地温梯度，所以风流所经井筒的围岩原始岩温是变化的。

（4）常有淋水参加热湿交换。

井底车场风流温度，可采用以下公式计算：

（1）当井深小于900 m时。

井底车场的风流温度 $t_2$ 为

$$t_2 = \sqrt{\frac{1}{4}\left(\frac{rk_{B2}\varphi_2 n + c_p}{rk_{B2}\varphi_2 m}\right)^2 + \frac{i_1 + 10^{-3}gH - rk_{B2}\varphi_2 l}{rk_{B2}\varphi_2 m}} - \frac{1}{2}\left(\frac{rk_{B2}\varphi_2 n + c_p}{rk_{B2}\varphi_2 m}\right) \quad (5-1)$$

（2）当井深超过900 m时。

井底车场的风流温度 $t_2$ 为

$$t_2 = \sqrt{\frac{1}{4}A^2 + D} - \frac{1}{2}A \quad (5-2)$$

其中

$$A = \frac{rk_{B2}\varphi_2 n + c_p + \frac{1}{2}\frac{K_\tau HD\pi}{M_B}}{rk_{B2}\varphi_2 m}$$

$$D=\frac{i_1+10^{-3}gH+\dfrac{\sum Q_M}{M_B}+\dfrac{K_\tau HD\pi}{M_B}\left(t_{gu}-\dfrac{1}{2}t_1\right)-rk_{B2}\varphi_2 l}{rk_{B2}\varphi_2 m}$$

式中　$t_1$，$t_2$——地面井口与井底车场风流的温度，℃；

$i_1$，$i_2$——地面井口与井底车场的焓值，kJ/kg；

$\sum Q_M$——井筒中各种局部热源放热量之和，kW；

$Q_{gu}$——井筒围岩的放热量，kW；

$\varphi_1$，$\varphi_2$——地面井口与井底车场风流的相对湿度；

$k_{B1}$——地面井口气压修正系数，$k_{B1}=\dfrac{101.08}{p_1}$；

$k_{B2}$——井底车场气压修正系数，$k_{B2}=\dfrac{101.08}{p_2}$；

$p_1$——地面井口大气压力，kPa；

$p_2$——井底车场大气压力，kPa；

$t_{gu}$——围岩原始温度，℃；

$M_B$——通过井筒的风量，kg/s；

$K_\tau$——风速与围岩间的不稳定换热系数，kW/(m$^2$·℃)；

$H$，$D$——井深和直径，m；

$c_p$——空气的定压比热，$c_p=1.005$ kJ/(kg·℃)；

$r$——水在0 ℃时的汽化潜热，取2501 kJ/kg；

$m$，$n$，$l$——常系数，其取值见表5－1。

表5－1　常系数$m$，$n$，$l$

| 风温/℃ | 0～10 | 5～15 | 10～20 | 15～25 | 20～30 | 25～35 |
|---|---|---|---|---|---|---|
| $m$ | 3.77 | 3.96 | 4.68 | 6.42 | 9.82 | 16.60 |
| $n$ | 0.266 | 0.209 | 0.089 | －0.114 | －0.424 | －0.940 |
| $l$ | 0.0120 | 0.0158 | 0.0206 | 0.0264 | 0.0334 | 0.0432 |

## 二、水平与倾斜井巷风流热状态预测方法

1. 通风时间小于1年的巷道热计算

1）水平井巷风流热状态预测方法

（1）水平井巷终端温度。

水平井巷终端温度$t_2$为

$$t_2=t_1e^{-\Gamma\phi}+\left(\frac{1-e^{-\Gamma\phi}}{\Gamma}\right)\left(T+\frac{\sum Q_M}{M_B c_p}\right)\qquad(5-3)$$

其中
$$\Gamma=\frac{K_\tau UL}{M_B c_p}+\frac{K_T U_T L}{M_B c_p}+\frac{K_W B_W L}{M_B c_p}+E\Delta\varphi$$

$$T=\frac{K_\tau UL}{M_Bc_p}t_{gu}+\frac{K_TU_TL}{M_Bc_p}t_T+\frac{K_WB_WL}{M_Bc_p}t_W-F\Delta\varphi$$

$$\Delta\varphi=\varphi_2-\varphi_1 \qquad E=\frac{N_y}{p-p_m} \qquad F=E\varepsilon'$$

$$\phi=\frac{1}{1+E\varphi_1}\quad(\Delta\varphi=0) \qquad \phi=\frac{\ln\left(1+\frac{E\Delta\varphi}{1+E\varphi_1}\right)}{E\Delta\varphi}\quad(\Delta\varphi\neq0)$$

(2) 水平井巷始端温度（逆向计算）。

水平井巷始端温度 $t_1$ 为

$$t_1=t_2e^{\Gamma\phi}-\left(\frac{e^{\Gamma\phi}-1}{\Gamma}\right)\left(T+\frac{\sum Q_M}{M_Bc_p}\right) \tag{5-4}$$

2）倾斜井巷风流热状态预测方法

(1) 倾斜井巷终端温度。

倾斜井巷终端温度 $t_2$ 为

$$t_2=t_1e^{-\Gamma\phi}+\left(\frac{1-e^{-\Gamma\phi}}{\Gamma}\right)\left(T\pm Y+\frac{\sum Q_M}{M_Bc_p}\right) \tag{5-5}$$

其中

$$\Gamma=\frac{K_\tau UL}{M_Bc_p}+\frac{K_TU_TL}{M_Bc_p}+\frac{K_WB_WL}{M_Bc_p}+E\Delta\varphi$$

$$T=\frac{K_\tau UL}{M_Bc_p}t_{gu}+\frac{K_TU_TL}{M_Bc_p}t_T+\frac{K_WB_WL}{M_Bc_p}t_W-F\Delta\varphi$$

$$Y=\frac{K_\tau UL}{M_Bc_p}L\sigma\left(\frac{1}{1-e^{-\Gamma\phi}}-\frac{1}{\Gamma}\right)\sin\psi$$

$$\Delta\varphi=\varphi_2-\varphi_1 \qquad E=\frac{N_y}{p-p_m} \qquad F=E\varepsilon'$$

$$\phi=\frac{1}{1+E\varphi_1}\quad(\Delta\varphi=0) \qquad \phi=\frac{\ln\left(1+\frac{E\Delta\varphi}{1+E\varphi_1}\right)}{E\Delta\varphi}\quad(\Delta\varphi\neq0)$$

其中，$\psi$ 为巷道倾角。

(2) 倾斜井巷始端温度（逆向计算）。

通过逆向计算，倾斜井巷始端温度 $t_1$ 为

$$t_1=t_2e^{\Gamma\phi}-\left(\frac{e^{\Gamma\phi}-1}{\Gamma}\right)\left(T\mp Y+\frac{\sum Q_M}{M_Bc_p}\right) \tag{5-6}$$

2. 通风时间大于 1 年的巷道热计算

1）水平井巷风流热状态预测方法

(1) 水平井巷终端温度。

水平井巷终端温度 $t_2$ 为

$$t_2=\sqrt{\frac{1}{4}A^2+D}-\frac{1}{2}A \tag{5-7}$$

其中 $A=\dfrac{k_Br\varphi_2n+c_p+\frac{1}{2}k_1}{k_Br\varphi_2l}$ $\qquad D=\dfrac{i_1+k_2+\dfrac{\sum Q_M}{M_B}-k_Br\varphi_2m-\frac{1}{2}k_1t_1}{k_Br\varphi_2l}$

$$k_1=\frac{K_\tau UL}{M_B}+\frac{K_TU_TL}{M_B}+\frac{K_WB_WL}{M_B}\qquad k_2=\frac{K_\tau UL}{M_B}t_{gu}+\frac{K_TU_TL}{M_B}+\frac{K_WB_WL}{M_B}t_W$$

（2）水平井巷始端温度（逆向计算）。

水平井巷始端温度 $t_1$ 为

$$t_1=\sqrt{\frac{1}{4}A^2+D}-\frac{1}{2}A \tag{5-8}$$

其中 $A=\dfrac{k_Br\varphi_1n+c_p+\frac{1}{2}k_1}{k_Br\varphi_1l}\qquad D=\dfrac{i_2-k_2-\frac{\sum Q_M}{M_B}-k_Br\varphi_1m+\frac{1}{2}k_1t_2}{k_Br\varphi_1l}$

2）倾斜井巷风流热状态预测方法

（1）倾斜井巷终端温度。

倾斜井巷终端温度 $t_2$ 为

$$t_2=\sqrt{\frac{1}{4}A^2+D}-\frac{1}{2}A \tag{5-9}$$

其中 $A=\dfrac{k_{B2}r\varphi_2n+c_p+\frac{1}{2}k_1}{k_{B2}r\varphi_2l}\qquad D=\dfrac{i_1\pm10^{-3}g\Delta H+k_2+\frac{\sum Q_M}{M_B}-k_{B2}r\varphi_2m-\frac{1}{2}k_1t_1}{k_{B2}r\varphi_2l}$

$$k_1=\frac{K_\tau UL}{M_B}+\frac{K_TU_TL}{M_B}+\frac{K_WB_WL}{M_B}\qquad k_2=\frac{K_\tau UL}{M_B}t_{gu}+\frac{K_TU_TL}{M_B}t_T+\frac{K_WB_WL}{M_B}t_W$$

（2）倾斜井巷始端温度（逆向计算）。

通过逆向计算，倾斜井巷始端温度 $t_1$ 为

$$t_1=\sqrt{\frac{1}{4}A^2+D}-\frac{1}{2}A \tag{5-10}$$

其中 $A=\dfrac{k_{B1}r\varphi_1n+c_p+\frac{1}{2}k_1}{k_{B1}r\varphi_1l}\qquad D=\dfrac{i_1\mp10^{-3}g\Delta H-k_2-\frac{\sum Q_M}{M_B}-k_{B1}r\varphi_1m+\frac{1}{2}k_1t_2}{k_{B1}r\varphi_1l}$

式中 $t_1$——巷道始端风流温度,℃；

$t_2$——巷道终端风流温度,℃；

$t_{gu}$——围岩原始温度,℃；

$M_B$——风量，kg/s；

$K_\tau$——风流与围岩间不稳定换热系数，kW/(m$^2$·℃)；

$K_T$——水管壁传热系数，kW/(m$^2$·℃)；

$K_W$——水沟盖板传热系数，kW/(m$^2$·℃)；

$U$——巷道周长，m；

$U_T$——水管周长，m；

$B_W$——水沟宽度，m；

$L$——巷道长度，m；

$t_T$——水管内水的温度,℃；

$t_W$——水沟中水的平均温度,℃;

$\sum Q_M$——各种局部热源放热量之和, W;

$\sigma$——地温梯度,℃/m;

$\varphi_1$——巷道始端风流的相对湿度,%;

$\varphi_2$——巷道终端风流的相对湿度,%;

$k_B$——巷道风流气压修正系数, $k_B=\frac{101.08}{p}$;

$k_{B1}$——巷道始端风流气压修正系数, $k_{B1}=\frac{101.08}{p_1}$;

$k_{B2}$——巷道终端风流气压修正系数, $k_{B2}=\frac{101.08}{p_2}$;

$p$——巷道大气压力, kPa;

$p_1$——巷道始端大气压力, kPa;

$p_2$——巷道终端大气压力, kPa;

$\varepsilon'$, $p_m$, $N_y$——常系数,其取值见表5-2。

表5-2 常系数 $\varepsilon'$, $p_m$, $N_y$

| 空气温度/℃ | | 1~10 | 11~17 | 17~23 | 23~29 | 29~35 | 35~45 | 45~50 |
|---|---|---|---|---|---|---|---|---|
| $\varepsilon'$ | | 9.324 | 19.979 | -3.770 | -8.988 | -14.288 | -22.958 | -27.685 |
| $p_m$/Pa | 井下 | 1016.20 | 1459.01 | 2108.05 | 3028.41 | 4281.27 | 6497.05 | 10193 |
| | 地面 | 734.16 | 1053.36 | 1522.08 | 2187.85 | 3105.55 | 4692.24 | 6974 |
| $N_y$ | | 95880 | 77805 | 223307 | 306100 | 415160 | 608076 | 850589 |

## 三、回采工作面风流热状态预测方法

1. 回采工作面风流温度预测图

回采工作面风流预测系统如图5-1所示。

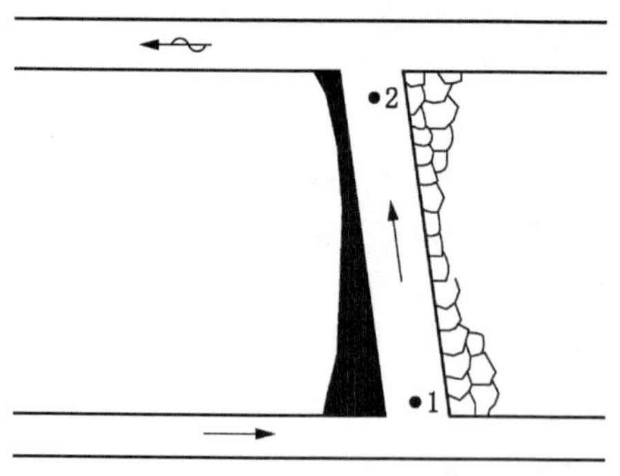


图5-1 回采工作面风流预测图

2. 回采工作面出口风流温度（2 点）

回采工作面出口风流温度 $t_2$ 为

$$t_2 = t_1 e^{-\Gamma\phi} + \left(\frac{1 - e^{-\Gamma\phi}}{\Gamma}\right)\left(T + \frac{\sum Q_M}{M_B c_p}\right) \tag{5-11}$$

其中 $\Gamma = \dfrac{K_\tau UL}{M_B c_p} + E\Delta\varphi \qquad \Delta\varphi = \varphi_2 - \varphi_1 \qquad \Delta t = 0.0024L^{0.8}(t_k - t_{fm})$

$$E = \frac{N_y}{p - p_m} \qquad T = \frac{K_\tau UL}{M_B c_p} t_{gu} + \frac{G_k c_k \Delta t_k}{M_B c_p} t_W - F\Delta\varphi \qquad F = E\varepsilon'$$

$$\phi = \frac{1}{1 + E\varphi_1} \quad (\Delta\varphi = 0) \qquad \phi = \frac{\ln\left(1 + \dfrac{E\Delta\varphi}{1 + E\Delta\varphi_1}\right)}{E\Delta\varphi} \quad (\Delta\varphi \neq 0)$$

3. 回采工作面进口风流温度（逆向计算）

通过逆向计算，回采工作面进口风流温度 $t_1$ 为

$$t_1 = t_2 e^{\Gamma\phi} - \left(\frac{e^{\Gamma\phi} - 1}{\Gamma}\right)\left(T + \frac{\sum Q_M}{M_B c_p}\right) \tag{5-12}$$

式中 $t_1$——特征点 1 风流温度,℃；

$t_2$——特征点 2 风流温度,℃；

$G_k$——运煤量，kg/s；

$c_k$——煤的比热容，kJ/(kg · ℃)；

$L$，$U$——采面的长度和周长，m；

$M_B$——回采工作面风量，kg/s；

$K_\tau$——回采工作面的不稳定换热系数，kW/($m^2$ · ℃)；

$\sum Q_M$——采面内各种热源放热量之和，kW；

$t_{fm}$——运输线路上风流的平均湿球温度,℃；

$t_k$——回采工作面落煤温度，其取值见表 5－3。

表 5－3 $t_k$ 取值表

| $t_{gu}$/℃ | | ≤40 | ≤50 | ≤60 |
|---|---|---|---|---|
| $t_k$/℃ | 未降温 | $t_{gu}-2$ | $t_{gu}-4$ | $t_{gu}-6$ |
| | 降温 | $t_{gu}-6$ | $t_{gu}-8$ | $t_{gu}-10$ |

## 四、掘进工作面风流热状态预测方法

1. 掘进工作面风流温度预测图

掘进工作面风流预测系统如图 5－2 所示。

2. 风机后风流温度（特征点 2）

$$t_2 = t_1 + \Delta t = t_1 + K_\tau \frac{N_e}{Q_B} \tag{5-13}$$

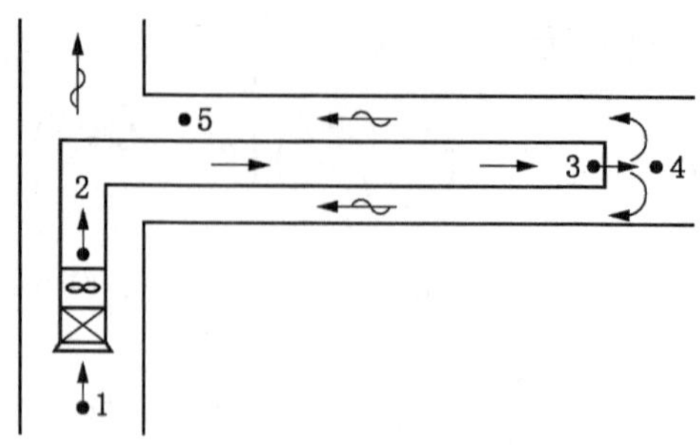


图5-2　掘进工作面风流预测系统

3. 风口出口温度（特征点3）

$$t_3=\frac{R_1t_2[A_a+N(N-A_a)]+N[\Pi(A_a+A_b)+R_1A_c]}{R_1A_a(1+N)-N[R_2(A_a+A_b)+NR_1]} \tag{5-14}$$

$$R_1=1+\frac{rk_B\varphi_4 n}{c_p}+M \qquad R_2=1+\frac{rk_B\varphi_3 n}{c_p}-M$$

$$\Pi=2Mt_{gu}+Z\sum Q_{M3}-\frac{rk_Bm(\varphi_4-\varphi_3)}{c_p}$$

$$A_a=1+\frac{rk_B\varphi_5 n}{c_p}+\frac{1}{2}E+N$$

$$A_b=1+\frac{rk_B\varphi_4 n}{c_p}-\frac{1}{2}E-N$$

$$A_c=Et_{gu}+\frac{\sum Q_M}{M_{Bm}c_p}-\frac{rk_Bm(\varphi_5-\varphi_4)}{c_p}$$

$$E=\frac{K_{\tau B}S_B}{M_{Bm}c_p} \qquad N=\frac{K_fS_f}{2M_{Bm}c_p} \qquad k=\frac{M_{B3}}{M_{B2}} \qquad M_{B3}=\frac{2kM_{Bm}}{1+k} \qquad Z=\frac{1+k}{2kM_{Bm}c_p}$$

$$M_{Bm}=\frac{1}{2}(M_{B2}+M_{B3}) \qquad M=\frac{(1+k)K_{\tau 3}S_3}{4kM_{Bm}c_p}$$

4. 掘进迎头温度（特征点4）

$$t_4=\frac{\Pi+R_2t_3}{R_1} \tag{5-15}$$

5. 回风巷中温度（特征点5）

$$t_5=\frac{A_bt_4+N(t_2+t_3)+A_c}{A_a} \tag{5-16}$$

式中　$t_1$——特征点1风流温度，℃；

$t_2$——特征点2风流温度，℃；

$t_3$——特征点3风流温度，℃；

$t_4$——特征点4风流温度，℃；

$t_5$——特征点5风流温度，℃；

$k_t$——温度系数，可取 30～34；

$N_e$——风机的额定功率，kW；

$Q_B$——通过风机的风量，$m^3/min$；

$\sum Q_{M3}$——掘进工作面近区各种热源放热量之和，kW；

$\sum Q_M$——掘进巷道中各种局部热源放热量之和，kW；

$S_f$——风筒的传热面积，$m^2$；

$K_f$——风筒的传热系数，kW/($m^2$·℃)；

$S_4$——掘进面近区传热面积，$m^2$；

$k_{\tau 3}$——特征点 3 的不稳定换热系数，kW/($m^2$·℃)；

$S_B$——掘进巷道的传热面积，$m^2$；

$K_{\tau B}$——掘进巷道围岩不稳定换热系数，kW/($m^2$·℃)；

$M_{B2}$——特征点 2 的风量，kg/s；

$M_{B3}$——特征点 3 的风量，kg/s；

$\varphi_4$——特征点 4 的相对湿度，%；

$\varphi_5$——特征点 5 的相对湿度，%；

$k_B$——气压修正系数，$k_B = 101.325/p$（$p$ 为大气压力，kPa）；

$m$，$n$——常系数，其取值见表 5－4。

表 5－4　常　系　数　$m$，$n$

| 空气温度/℃ | 1～6 | 6～12 | 12～18 | 14～21 | 21～26 | 26～31 | 31～37 | 37～45 |
|---|---|---|---|---|---|---|---|---|
| $m$ | 3.68 | 2.83 | 0.14 | －1.70 | －8.33 | －18.80 | －35.00 | －63.85 |
| $n$ | 0.34 | 0.48 | 0.69 | 0.82 | 1.13 | 1.53 | 2.05 | 2.83 |

## 第三节　矿内不同特征点的热计算

### 一、不同特征点的正向热计算

以具体井巷为实例，进行矿内不同特征点的正向热计算。

1. 石门热计算

【例题 5－1】石门井深 $H = 575$ m，断面积 $S = 16$ $m^2$，周长 $U = 15$ m，长度 $L = 200$ m，当量半径 $r_0 = 2.26$ m，放热系数 $\alpha = 14.65$ W/($m^2$·℃)，岩石热导率 $\lambda = 2.17$ W/(m·℃)，岩石热容 $c_p = 2407$ kJ/($m^3$·℃)，地温梯度 $\sigma = 0.034$ ℃/m，巷道通风时间 $\tau = 7$a（61320 h），风量 $M_B = 98.89$ kg/s，$v_B = 4.9$ m/s；巷道始端风流参数：$t_1 = 20.4$ ℃，$\varphi_1 = 0.9$，$\varphi_2 = 0.87$，$p_1 = p_2 = 106.225$ kPa，氧化放热系数 $q_O = 4.65$ W/$m^2$。计算石门出口风流温度。

**解**　(1) 围岩与风流的不稳定换热系数计算。

围岩的蓄热系数：

$b = 1.1284\sqrt{\lambda c \rho} = 1.1284\sqrt{2.17 \times 2407 \times 10^3} = 2579\ \mathrm{J/(m^2 \cdot s^{0.5} \cdot K)}$  $\sqrt{\tau} = 14858$

$$K_\tau = \frac{1}{1 + \frac{\lambda}{2\alpha R_0}}\left[\frac{\lambda}{2R_0} + \frac{b}{2\sqrt{\tau}\left(1 + \frac{\lambda}{2\alpha R_0}\right)}\right] = 0.546\ \mathrm{W/(m^2 \cdot K)}$$

（2）热源计算。

氧化放热计算：

$$Q_O = q_O UL = 4.65 \times 15 \times 200 = 13950\ \mathrm{W}$$

运输的煤矸石放热量计算：

$$Q_u = S_B(K_{gu} n_{gu} \Delta t_{gu} + K_y n_y \Delta t_y)$$

式中，$K_{gu}$为运输的松散矸石的传热系数，取23.26 W/(m$^2$·℃)；$K_y$为运输的松散煤炭的传热系数，取38.38 W/(m$^2$·℃)；$n_{gu}$和$n_y$为每小时通过巷道的装矸石和装煤的矿车数，分别为6辆和35辆；$S_B$为矿车的水平面积，为3 m$^2$。

回采工作面中围岩的平均温度$t_{gum}$ = 35 ℃；$H$ = 575 m，水平岩石温度$t_{gu}$ = 26.2 ℃。

运输的松散煤炭的温度为

$$t_y = t_{gum} - (2 \sim 2.5) = 35 - 2 = 33\ ℃$$

运输的松散矸石的温度为

$$t_g = t_{gum} - (3 \sim 4) = 35 - 3 = 32\ ℃$$

从井底车场到回采工作面的巷道中的平均风流温度为

$$t_B = \frac{1}{2} \times (20.4 + 26) = 23.2\ ℃$$ （20.4为井底风温,26为运输平巷风温）

运输的煤与风流的平均温差$\Delta t_{yk}$为

$$\Delta t_{yk} = t_y - t_B = 33 - 23.2 = 9.8\ ℃$$

运输的矸石与风流的温差$\Delta t_{gu}$为

$$\Delta t_{gu} = t_g - t_B = 32 - 23.2 = 8.8\ ℃$$

则运输的煤矸石放热量为

$$Q_u = 3 \times (23.26 \times 8.8 \times 6 + 38.38 \times 35 \times 9.8) = 43177\ \mathrm{W}$$

电机车工作时放热量为

$$Q_e = \frac{1}{\tau} L A_c k_e = \frac{1}{13} \times 0.2 \times 905 \times 0.25 = 3.481\ \mathrm{kW}$$

式中，$\tau$为电机车的日运输时间，本例取13 h；$L$为运输距离，取0.2 km；$A_c$为计算段的运输量，取905 t/d；$k_e$为吨千米能耗量，取0.25 kW·h/(t·km)。

水沟中流水的放热量为

$$Q_{wB} = \alpha S_w(t_w - t_B) + \beta S_w k_B(p_b - p_w)$$
$$= 14.65 \times 60 \times (21 - 20.7) + 0.212 \times 60 \times 0.95 \times (2480 - 2098) = 4880\ \mathrm{W}$$

式中，$\alpha$为放热系数，本例为14.65 W/(m$^2$·℃)；水沟的放热面积$S_w = 200 \times 0.3 = 60$ m$^2$；$t_w$为水沟的水温，为21 ℃；$t_B$为巷道中平均风流温度，为20.7 ℃；$\beta$为潜热交换系数，$\beta = 0.0846 + 0.0262 v_B = 0.0846 + 0.026 \times 4.9 = 0.212$ W/m$^2$·Pa；$p_b$为水温$t_b$(21 ℃）时的空气饱和蒸汽压力，查表得2480 Pa；$p_w$为空气中水蒸气分压力，为2098 Pa；$k_B$为气压修正系数

$$k_B = \frac{101.325}{106.225} = 0.95$$

则各种热源总的放热量为

$$\sum Q_M = Q_O + Q_e + Q_u + Q_{wB} = 13950 + 3481 + 43177 + 4880 = 65488 \text{ W}$$

（3）巷道终点风流温度计算。

$$t_1 = 20.4\ ℃$$

$$t_{gu} = 26.2\ ℃$$

根据式（5－7）计算得石门出口风流温度 $t_2 = 21.2\ ℃$。

2. 西大巷热计算

【例题 5－2】西大巷(符号的意义同前例,后同) $H = 575$ m，$S = 8.6\ \text{m}^2$，$U = 12.5$ m，$L = 220$ m，$R_0 = 1.67\ \text{m}^2$，$M_B = 58.89$ kg/s，$v_B = 5.5$ m/s，$\alpha = 23.26\ \text{W/(m}^2 \cdot ℃)$，$\lambda = 2.17\ \text{W/(m} \cdot ℃)$，$\sigma = 0.034\ ℃/\text{m}$，$\tau = 7a$（61320 h），$t_1 = 20.9\ ℃$，$\varphi_1 = 0.87$，$\varphi_2 = 0.83$，$q_O = 4.65\ \text{W/m}^2$，$b = 2579\ \text{J/(m}^2 \cdot \text{s}^{0.5} \cdot ℃)$，$t_{gu} = 26.2\ ℃$，$Q_e = 3481$ W，$Q_u = 43177$ W，$G_k = 905$ t/d。计算西大巷出口风流温度。

**解**　（1）换热系数计算。

$$K_\tau = \frac{1}{1 + \frac{\lambda}{2\alpha R_0}} \left[ \frac{\lambda}{2R_0} + \frac{b}{2\sqrt{\tau}\left(1 + \frac{\lambda}{2\alpha R_0}\right)} \right] = 0.715\ \text{W/(m}^2 \cdot \text{K)}$$

（2）热源计算。

根据前面计算，运输的煤矸石放热量为 43177 W，电机车放热量为 3481 W。则无盖水沟中水流的放热量为

$$\begin{aligned} Q_{wB} &= \alpha S_w (t_w - t_B) + \beta S_w k_B (p_b - p_w) \\ &= 23.26 \times 66 \times (21 - 21.2) + 0.2276 \times 66 \times 0.95 \times (2480 - 2158) = 4288 \text{ W} \end{aligned}$$

式中，$\alpha$ 为放热系数，本例为 $23.26\ \text{W/(m}^2 \cdot ℃)$；水沟的放热面积 $S_w = 220 \times 0.3 = 66\ \text{m}^2$；水温 $t_w$ 为 21 ℃；巷道中风流的平均温度 $t_B = 21.2\ ℃$；$p_b = 2480$ Pa；水蒸气的分压力为 $p_w = 2158$ Pa；$k_B$ 为气压修正系数，$k_B = \frac{101.325}{106.225} = 0.95$；质交换系数：$\beta = 0.0846 + 0.026 v_B = 0.0846 + 0.026 \times 5.5 = 0.2276\ \text{W/(m}^2 \cdot \text{Pa)}$；氧化放热量：$Q_O = q_O U L = 4.65 \times 220 \times 12.5 = 12788$ W。

则巷道中各种热源总放热量为

$$\sum Q_M = Q_O + Q_e + Q_u + Q_{wB} = 12788 + 3481 + 43177 + 4288 = 63734 \text{ W}$$

（3）巷道终点风流温度计算。

由式（5－7）计算得西大巷出口风流温度 $t_2 = 22.0\ ℃$。

3. 盘区下山热计算

【例题 5－3】盘区下山 $L = 515$ m，$H_1 = 760$ m，$H_2 = 855$ m，$t_{guH} = 32\ ℃$，$t_{guk} = 35.2\ ℃$，$t_{gu} = 33.6\ ℃$，$\tau = 3a$（26300 h），$U = 9.6$ m，$S = 6.2\ \text{m}^2$，$R_0 = 1.41$ m，$t_w = 25\ ℃$，$G_k = 31.5$ t/h，$M_B = 14.6$ kg/s，$v_B = 1.9$ m/s，$t_1 = 24\ ℃$，$\varphi_1 = 0.90$，$\varphi_2 = 0.91$，$p_1 = 108.445$ kPa，$p_2 = 109.585$ kPa，$\sigma = 0.034\ ℃/\text{m}$，$\alpha = 10\ \text{W/(m}^2 \cdot ℃)$，$\psi = 10°$，$\lambda = 2.17\ \text{W/(m} \cdot ℃)$，

$b=2579\ \mathrm{J/(m^2 \cdot S^{0.5} \cdot ℃)}$。计算盘区下山出口风流温度。

**解** （1）换热系数计算。

$$\sqrt{\tau}=9730$$

$$K_\tau=\frac{1}{1+\dfrac{\lambda}{2\alpha R_0}}\left[\frac{\lambda}{2R_0}+\frac{b}{2\sqrt{\tau}\left(1+\dfrac{\lambda}{2\alpha R_0}\right)}\right]=0.83\ \mathrm{W/(m^2 \cdot K)}$$

（2）热源计算。

运输的煤矸放热量

$$\begin{aligned}Q_u&=S_B(K_{gu}n_{gu}\Delta t_{gu}+K_y n_y \Delta t_y)\\&=3\times(23.26\times3\times8.8+38.38\times16\times9.8)\\&=19896\ \mathrm{W}\end{aligned}$$

式中，运煤矿车每小时16辆，运矸矿车每小时3辆，传热系数 $K_{gu}=23.26\ \mathrm{W/(m^2 \cdot ℃)}$；$K_y=38.38\ \mathrm{W/(m^2 \cdot ℃)}$；$S_B=3\ \mathrm{m^2}$；$\Delta t_{gu}=8.8\ ℃$；$\Delta t_y=9.8\ ℃$。

水沟中水放热量为

$$\begin{aligned}Q_{wB}&=\alpha S_w(t_w-t_B)+\beta S_w k_B(p_b-p_w)\\&=10\times103\times(25-25)+0.134\times103\times0.92\times(3160-2821)=4305\ \mathrm{W}\end{aligned}$$

式中 $\alpha=10\ \mathrm{W/(m^2 \cdot ℃)}$；$S_w=515\times0.2=103\ (\mathrm{m^2})$；$t_w=25\ ℃$；$t_B=25\ ℃$；$p_b=3160\ \mathrm{Pa}$；$p_w=2821\ \mathrm{Pa}$；$\beta=0.0846+0.026v_B=0.0846+0.026\times1.9=0.134\ \mathrm{W/(m^2 \cdot Pa)}$；气压修正系数 $k_B=\dfrac{101.325}{109.585}=0.92$。

氧化放热量 $Q_O=q_O UL=7.56\times9.6\times515=37377\ \mathrm{W}$。

各种热源总放热量为

$$\sum Q_M=Q_O+Q_e+Q_u+Q_{wB}=37377+0+19896+4305=61578\ \mathrm{W}$$

（3）终端风流温度计算。

由式（5-9）计算得盘区下山出口风流温度 $t_2=26.6\ ℃$。

4. 运输平巷热计算

【例题5-4】运输平巷 $L=200\ \mathrm{m}$，$U=12.2\ \mathrm{m}$，$H=855\ \mathrm{m}$，$S=10\ \mathrm{m^2}$，$R_0=2.78\ \mathrm{m}$，$\tau=6$ 个月 $=4400\ \mathrm{h}$，$q_O=7.56\ \mathrm{W/m^2}$，$t_{gu}=35.65\ ℃$，$G_k=31.5\ \mathrm{t/h}=8.75\ \mathrm{kg/s}$，$M_B=14.6\ \mathrm{kg/s}$，$v_B=1.11\ \mathrm{m/s}$，$t_1=26\ ℃$，$\varphi_1=0.91$，$\varphi_2=0.90$，$p=112\ \mathrm{kPa}$，$c_p=2407\ \mathrm{kJ/(m^3 \cdot ℃)}$，$b=2579\ \mathrm{J/(m^2 \cdot s^{0.5} \cdot ℃)}$，$\lambda=2.17\ \mathrm{W/(m \cdot ℃)}$，$\alpha=5.8\ \mathrm{W/(m^2 \cdot ℃)}$，$a=0.0009\times10^{-3}$。计算运输平巷出口风流温度。

**解** （1）换热系数计算。

根据公式（2-9）：$K_\tau=\alpha\left[1-\dfrac{Bi}{Bi+0.375}f(z)\right]$，其中

$$Bi=\frac{\alpha R_0}{\lambda}=\frac{5.8\times2.78}{2.17}=7.43 \qquad Fo=\frac{a\tau}{R_0^2}=\frac{0.0009\times10^{-3}\times4400\times3600}{2.78^2}=1.84\ \mathrm{m^2/s}$$

$$z=(Bi+0.375)\sqrt{Fo}=7.805\sqrt{1.84}=10.59$$

查表2-1得，$f(z)=0.9462$，则：

$$K_\tau = 5.8 \times \left(1 - \frac{7.43}{7.805} \times 0.9462\right) = 0.58\ \mathrm{W/(m^2 \cdot K)}$$

（2）热源计算。

运输的煤矸放热量，按前节计算：$Q_u = 19896$ W。

电机车运行时放热量：

$$Q_e = 0.25 \times 1.3 \times 31.5 \times 0.2 = 2048\ \mathrm{W}$$

水沟中水放热量：

$$Q_{wB} = \alpha S_w(t_w - t_B) + \beta S_w k_B(p_b - p_w)$$
$$= 5.8 \times 40 \times (26 - 26.6) + 0.115 \times 40 \times 0.92 \times (3353 - 3127) = 817\ \mathrm{W}$$

式中 $\alpha = 5.8\ \mathrm{W/(m^2 \cdot ℃)}$；$S_w = 200 \times 0.2 = 40\ \mathrm{m^2}$；$t_w = 26$ ℃；$t_B = 26.6$ ℃；$p_b = 3353$ Pa；$p_w = 3127$ Pa；$\beta = 0.0846 + 0.026 v_B = 0.0846 + 0.026 \times 1.16 = 0.115\ \mathrm{W/(m^2 \cdot Pa)}$；气压修正系数 $k_B = \frac{101.325}{109.545} = 0.92$。

氧化放热量：

$$Q_O = q_O LU = 7.56 \times 200 \times 12.2 = 18446\ \mathrm{W}$$

则各种热源总的放热量为

$$\sum Q_M = Q_O + Q_e + Q_u + Q_{wB} = 18446 + 2048 + 19896 + 817 = 41207\ \mathrm{W}$$

（3）终端风流温度计算。

由式（5－3）计算得运输平巷出口风流温度 $t_2 = 27.2$ ℃。

5. 回采工作面热计算

【例题 5－5】$L = 230$ m，$U = 6.6$ m，$H_1 = 855$ m，$H_2 = 815$ m，$S = 2.3\ \mathrm{m^2}$，$R_0 = 0.8$ m，$t_{gu} = 35$ ℃，$q_O = 15.7\ \mathrm{W/m^2}$，$G_k = 31.5$ t/h $= 8.75$ kg/s，$c_k = 1.256\ \mathrm{kJ/(kg \cdot ℃)}$，$J = 1.0$，$G_w = 1000$ kg/h $= 0.28$ kg/s，$t_w = 30$ ℃，$c_w = 4.1868\ \mathrm{kJ/(kg \cdot ℃)}$，$M_B = 12.7$ kg/s，$v_B = 4.2$ m/s，$\tau = 8$ h（围岩暴露时间），$t_1 = 27.2$ ℃，$\varphi_1 = 0.90$，$\varphi_2 = 0.87$，$p = 111990$ Pa，$\alpha = 22.33\ \mathrm{W/(m^2 \cdot ℃)}$，$\lambda = 2.17\ \mathrm{W/(m \cdot ℃)}$，$b = 2579\ \mathrm{J/(m^2 \cdot s^{0.5} \cdot ℃)}$，$a = 0.0009 \times 10^{-3}\ \mathrm{m^2/s}$。计算回采工作面出口风流温度。

**解** （1）换热系数计算

根据公式（2－9）：$K_\tau = \alpha\left[1 - \frac{Bi}{Bi + 0.375} f(z)\right]$，其中

$$Bi = \frac{\alpha R_0}{\lambda} = \frac{22.33 \times 0.8}{2.17} = 8.2 \qquad Fo = \frac{a\tau}{R_0^2} = \frac{0.0009 \times 10^{-3} \times 8 \times 3600}{0.8^2} = 0.0405$$

$$z = (Bi + 0.375)\sqrt{Fo} = 8.575\sqrt{0.0405} = 1.73$$

查表 2－1 得 $f(z) = 0.71$，则

$$K_\tau = 22.33 \times \left(1 - \frac{8.2}{8.575} \times 0.71\right) = 7.17\ \mathrm{W/(m^2 \cdot K)}$$

（2）热源计算。

采面内同时工作人员有 12 人，则人体放热量 $Q_R$ 为

$$Q_R = k_R q_R N = 0.7 \times 470 \times 12 = 3948\ \mathrm{W}$$

式中，$k_R$ 为人员同时工作系数，这里取 0.7；$q_R$ 为人员劳动时单位面积放热量，这里

取 470 W/m²。

采面内机电设备放热量为

$$Q_{jd}=K_kN_k+K_{TP}N_{TP}=0.5\times 41+0.7\times 11\times 2=35.9\ \text{kW}=35900\ \text{W}$$

式中，采煤机功率 $N_k=41$ kW，时间利用系数 $K_k=0.5$；链板运输机 2 台，每台功率 $N_{TP}=11$ kW，时间利用系数 $K_{TP}=0.7$。

氧化放热量：

$$Q_O=q_OLU=15.7\times 230\times 6.6=23833\ \text{W}$$

$Q_p$ 空气上浮膨胀吸热量：

$$Q_p=9.81M_B\Delta H=9.81\times 12.7\times(815-855)=-4983\ \text{W}$$

$$\sum Q_M=Q_O+Q_R+Q_{jd}+Q_p=23833+3948+35900-4983=58698\ \text{W}$$

（3）终端风流温度计算。

$$P_m=3866\qquad N_y=383967$$

由式（5-11）计算得采面出口风流温度 $t_2=30.8$ ℃。

## 二、不同特征点的逆向热计算

1. 在采面进口布置空冷设备热计算

【例题 5-6】根据【例题 5-5】的计算在运输平巷终端（即采面进口）的风流温度为 27.2 ℃，相对湿度为 0.90，采面出口的风流温度为 30.8 ℃。要求将采面出口风流温度降到 27 ℃，相对湿度为 0.90。空冷设备安设在采面进风的运输平巷中，此时，空冷设备出口的相对湿度为 0.95，计算空冷设备后面的风流温度。

**解** （1）换热系数计算。

根据前面计算：$\alpha=22.33$ W/(m²·℃)；$K_\tau=7.17$ W/(m²·℃)。

（2）热源计算。

按上节计算 $\sum Q_M=58698$ W。

（3）采面进口风流（空冷设备出口）温度计算。

根据前面计算：$\Gamma=1.81$；$T=62.74$；$p_m=2426$；$N_y=255312$。

由式（5-12）计算得采面进口风流（空冷设备出口）温度 $t_1=19.8$ ℃。

2. 在运输平巷进口布置空冷设备热计算

【例题 5-7】根据【例题 5-6】的计算结果，采面进口取风流温度 $t_2=19.8$ ℃；$\varphi_2=0.90$。计算空冷设备出口风流温度。

**解** （1）换热系数计算。

同运输平巷热计算。

（2）热源计算。

绝对热源放热量（同运输平巷热计算）：$Q_e=2048$ W；$Q_O=18446$ W。

相对热源由于巷道中风流温度的降低（降低前为 26.6 ℃）而增加。降温后平巷中平均风流温度取 17 ℃。

运输的煤矸放热：

$K_{gu}=23.26$ W/(m²·℃)；$K_y=38.38$ W/(m²·℃)；$\Delta t_{gu}=32-17=15$ ℃；$n_{gu}=3$；

$\Delta t_{yk}=33-17=16$ ℃；$n_y=16$；$S_B=3$ m$^2$。

$$Q_u=S_B(K_{gu}n_{gu}\Delta t_{gu}+K_y n_y \Delta t_y)=3\times(23.26\times3\times15+38.38\times16\times16)=32616\ \text{W}$$

水沟中水放热：

$\alpha=5.815$ W/(m$^2$ · K)；$S_w=40$ m$^2$；$\beta=0.115$ W/(m$^2$ · Pa)；$t_w=26$ ℃；$p_b=3353$ Pa；$t_B=17$ ℃；$p_w=1738$ Pa；$v_B=4.38$ m/s；气压修正系数 $k_B=0.92$。

$$\begin{aligned}Q_{wB}&=\alpha S_w(t_w-t_B)+\beta S_w k_B(p_b-p_w)\\&=5.815\times40\times(26-17)+0.115\times40\times0.92\times(3353-1738)=8928\ \text{W}\end{aligned}$$

$$\sum Q_M=Q_u+Q_e+Q_{wB}+Q_O=32.616+2.048+8.928+18.446=62.038\ \text{kW}$$

(3) 空冷设备出口风流温度计算。

由式（5－4）计算得空冷设备出口风流温度 $t_1=17.0$ ℃。

3. 在盘区下山进口布置空冷设备热计算

【例题 5－8】根据【例题 5－3】的计算结果 $Q_u=19896W$；$Q_O=37377$ W。$\alpha=10$ W/(m$^2$ · ℃)；$S_w=515\times0.2=103$ m$^2$；$t_w=25$ ℃；$t_B=10$ ℃；$p_b=3160$ Pa；$p_w=1103$ Pa；$\beta=0.134$ W/(m$^2$ · Pa)；$K_B=0.92$。

$$\begin{aligned}Q_{wB}&=\alpha S_w(t_w-t_B)+\beta S_w K_B(p_b-p_w)\\&=10\times103\times(25-10)+0.134\times103\times0.92\times(3160-1103)=41569\ \text{W}\end{aligned}$$

$$\sum Q_M=Q_{OX}+Q_{wB}+Q_O=19896+41569+37377=98.842\ \text{kW}$$

由式（5－10）计算得空冷设备出口风流温度 $t_1=11.2$ ℃。

故根据以上计算分析，空冷设备（空气冷却器）设在采面进口比较适合。

## 思 考 题

1. 矿井风流热力状态预测的任务及程序是什么？
2. 矿井风流热力状态预测方法是什么？
3. 对矿内不同特征点如何进行热计算？

# 第六章　非人工制冷降温

当前，改善矿内气候或者进行矿井降温的措施很多，但归纳起来主要有两类：一是采取非人工冷却风流的措施（即一般措施），主要包括改善矿井通风条件，改革采煤方法及顶板控制，井下热水治理，矿工个体防护等；二是采取人工冷却风流的措施（即矿井空调）。只有采取一般措施达不到降温的目的时，才考虑采取人工制冷措施。实践中，为达到良好的降温效果，应采取多种降温措施，实现综合降温。本章主要介绍非人工制冷降温的措施。

## 第一节　改善矿井通风条件

### 一、增加风量

通风降温的主要措施就是加大矿井风量和选择合理的矿井通风系统。风量不仅是影响矿内气候条件的一个重要的因素，而且是通过适当手段就能奏效的少数措施之一，有时费用也比较低。

大量的现场试验也说明增加风量具有较好的降温作用，有时可使工作面风流温度降低 1 ~4 ℃。日本学者的试验表明，增加通风量，气流温度大幅度下降，并且温度的下降幅度在通风量达到一定程度时，有急剧加快之势，如果风量再继续增加，则气流温度的下降幅度又逐渐缓慢下来，最经济的通风量为巷道长度的 0. 56 ~0. 84 倍。

增加风量可以采取以下措施，相辅并行：①减少风阻；②防止漏风；③加大通风机能力；④采用合理分风与辅助风路通风法；⑤加强通风管理等。

1. 增大风量降温的特点

（1）有利于降低井下空气温度。通过增大风量，在一定范围内可以达到降低井下空气温度的目的。流经巷道风量的增加会使从岩体放出的氧化热和其他热源放出的热分散到更大体积的空气中，而使风流的温度降低。虽然由于风速的增加会使巷道的放热加强，致使空气的总吸热量增加，但在其他条件相同的情况下，风流的温升却会有所降低。同时，巷道围岩冷却带的形成速度也加快了，这样一来，增加风量除能降低风流的温升外，还能为进一步降低围岩的放热强度创造条件。

（2）有利于维持人体热平衡。人体主要通过对流、蒸发、辐射和导热的途径同外界环境进行热交换以维持人体热平衡。当环境气温稍高时，对流、蒸发就是人体的主要散热形式。增大井下作业点的配风量，对有限断面的巷道来说，就意味着风速的增加，风速增加可加强身体与环境的对流换热，能尽快吹散附于人体附近由于汗液蒸发而形成的一层饱和蒸汽层，便于蒸发汗液，排出体内热量。因此，在较热的环境中，适当增大风速对促进人体散热维持人体热平衡有着重要的作用。

（3）有利于改善人体的热环境舒适程度。人对热环境的舒适程度是人体热平衡的心理反应。影响人体热平衡的因素不是单一的温度，人体热平衡也不是一个简单的物理散热过程，而是在人的神经系统调节下的一种非常复杂的过程。人体热平衡受温度、湿度、风速，以及热辐射的综合影响。人的主观感觉也是综合效应的反映，如在气温为 17.7 ℃、湿度为 100%、风速为 0 m/s 的环境中与气温为 22.4 ℃、湿度为 70%、风速为 0.5 m/s 的环境中有相同的热感觉。这就说明，在一定条件下增加配风量，可在气温稍高的环境中获得气象条件的改善。

适当增加供风量可获得降温或感觉舒适些的效果，因此在一定条件下，增加采掘工作面的配风量可以达到降温的目的，即通风降温是可行和有效的。

2. 增大风量降温的有限性

增大风量是一种简单易行的降温方法，但是由于受进风温度和围岩温度等因素的影响，其降温幅度是有限的，主要原因在于：

（1）风量增大也是有限度的。在井下，风量是不可以任意增大的，在巷道面积不变的情况下，风量的增大意味着风速的增加，而当风速超过 1.5 ~2 m/s 时就可能会吹起巷道地面的煤尘，造成扬尘的效果，影响工人的正常工作和身体健康。《煤矿安全规程》规定了采掘工作面和各类井巷的最低、最高允许风速，见表 3 -4。

（2）当风量增加到一定程度时，对风温的影响就不大了。围岩与氧化这两个热源的放热量除与温差、放热面积等有关外，还与风速成幂函数增长关系。对具有有限断面的采面或巷道说，风量的增加意味着风速的增加，它加剧了热交换，导致了放热量的增大。

（3）当围岩温度达到一定高度时，增加风量将不起作用。原岩温度每增加 1 ℃，工作面气温增加 0.5 ~0.6 ℃；生产水平岩温为 34.8 ℃时，当综采工作面的风量增加到 1788 $m^3$/min 后，可计算出采煤工作面的风温仍在 30 ℃左右，再增加风量也不会使工作面风温降到《煤矿安全规程》规定的 26 ℃。因此，当生产水平岩温超过 35 ℃时，应考虑采取其他降温措施。

（4）任意增加风量在经济上不允许。风机的功率与风量呈三次方关系，风量增加到一定程度时，会导致所需要的风机的功率太大，而这在经济上是不合理的。

## 二、选择合理的矿井通风系统

从矿井降温的观点出发，确定矿井通风系统时一般应考虑以下原则：

（1）尽可能缩短进风路线的长度。在井巷热环境条件和风量不变的情况下，井巷风流的温升是随其流程的加长而增大的，风路越长，风流沿途吸热量越大，温升也越大。所以，对高温矿井应尽量缩短进风路线的长度，宜优先采用分区式通风或对角式系统，不宜采用中央并列式通风系统。

（2）以低岩温巷道为进风巷道。在高温矿井的通风系统设计时，要尽量使新鲜风流由上水平流入回采工作面，在下水平回风。这是因为上水平的岩温要低于下水平的岩温。而巷道围岩温度越低，则风流通过巷道的温升也越小。例如，在新汶村矿，-210 m 水平（岩温 21.5 ℃），夏季风流通过巷道的 1 km 温升为 -1.92 ℃，而在 -600 m 水平（岩温 34.9 ℃），1 km 温升为 +0.56 ℃。

（3）要尽量使新鲜风流避开局部热源的影响。矿内的各种局部热源，如机电设备、运输中的煤和矸石、氧化，以及采空区漏风等都会对风流加热。如果能使新鲜风流避开这些局部热源的影响，将会使风流的温升降低。

## 三、改革通风方式

1. 采用同向通风

在选择采区通风系统时，尽量采用轨道上山进风方案，避免因煤流与风流方向相反，将煤炭在运输过程中的放热和设备放热带进工作面。在风的流向与运煤方向一致的同向通风（又称顺流通风）条件下，采区进风巷和回采工作面，由于不存在外运煤和机电设备发热的影响，回采工作面的气候条件得到改善。采用轨道上山（平巷）进风与运输上山（平巷）进风相比，回采工作面进风流的干球温度可降低 4 ~5 ℃。

2. 采用下行通风

也可以采用下行通风的降温方式，不需增设其他设备，不增加巷道工程量，管理方便，成本低廉，降温效果十分显著，一般可降温 1 ~5 ℃。与其他降温方法相比，是一种既经济实惠又切实可行的好办法，并且对防止隅角瓦斯积聚、降尘、抑制采空区自然发火也十分有利，下行风的使用越来越广泛。用下行通风代替上行通风，对改善采煤工作面的气候环境是有益的，一般情况下，可使工作面的温度降低 1 ~2 ℃。

然而，对于下行通风的缺点也不应忽视，在最下部的开采水平将出现高气候值，煤炭运输必须转向，也会使掘进时的气候条件更加困难。下行通风方式不利于工作面内瓦斯及火灾的灾变处理；另外，运输机电设备都处在回风流中，也给生产带来了不安全因素。因此，在采用下行通风方式时，相应的安全措施必须到位，瓦斯浓度不能超限，要确保万无一失。《煤矿安全规程》第一百五十二条对煤层倾角大于 12°的回采工作面采用下行通风也有严格的规定。

3. 采用 W 形通风

不同的通风方式对于矿井气候产生较大的影响。长壁采煤工作面通风方式可采用 W 形通风方式,这种通风方式缩短了风路,减少了风阻,相应加大了工作面的风量,降低了风温。

## 四、利用调热巷道降温

调热巷道降温是利用位于恒温带地层的巷道进风，调节进风的温度、湿度来实现。淮南矿务局九龙岗矿利用 -240 m 水平巷道在冬季通风，在巷道周围形成冷却圈；春季封闭，夏季启封。热风流通过调热巷道后，使 -540 m 水平井筒附近的风温降低 2 ℃。该方法降温效果有限，仅适用于浅井，且夏季有轻度热害的条件。

## 五、井下机电硐室单独回风

以九龙岗矿为例，该矿井下机电硐室风流参数变化及降温效果见表 6 -1。

表 6 -1　九龙岗矿井下机电硐室风流参数变化

| 地　　点 | 风量/($m^3 \cdot s^{-1}$) | | | 温度/℃ | | | 备　　注 |
|---|---|---|---|---|---|---|---|
| | 改前 | 改后 | 差值 | 改前 | 改后 | 差值 | |
| 630 m 井底 | | | | 26.5 | 26.3 | -0.20 | 井口南门机械运转时间 |
| 充电室 | 0.80 | 2.91 | 2.11 | 35.00 | 28.00 | -7.00 | 井口南门机械运转时间 |

表 6 - 1（续）

| 地　　点 | 风量/($m^3 \cdot s^{-1}$) | | | 温度/℃ | | | 备　　注 |
|---|---|---|---|---|---|---|---|
| | 改前 | 改后 | 差值 | 改前 | 改后 | 差值 | |
| 水泵房 | 1.91 | 2.36 | 0.45 | 32.00 | 27.00 | -5.00 | 井口南门机械运转时间 |
| 暗副井（车房） | 1.45 | 3.50 | 2.05 | 37.20 | 29.40 | -7.80 | 井口南门机械运转时间 |
| 暗主井（车房） | 1.08 | 2.80 | 2.02 | 35.50 | 28.50 | -7.00 | 井口南门机械运转时间 |
| 530 m 东半道 | 18.15 | 12.13 | 5.12 | 27.10 | 26.50 | -0.60 | |
| 530 m 东一石门 | 15.14 | 15.14 | 0 | 26.70 | 26.00 | -0.70 | |

## 第二节　改革采煤方法及管理顶板

在高温热害矿井中，采煤工作面是主要升温段，也是人员集中工作的场所。因此，采煤工作面应作为矿井降温的重点。采取集中生产，后退式采煤法，倾斜长壁采煤法以及采用全面充填法控制顶板，对改善采煤工作面的气候条件是有利的。

### 一、改革采煤方法

1. 集中生产

加大矿井开发强度，提高单产单进，虽然采掘工作面热量有所增加，但采掘面减少，井下围岩总放热减少，有利于提高人工制冷冷却风流的效果，相应降低吨煤成本的降温费用。

2. 后退式采煤法

在各种条件相同的情况下，与前进式采煤法相比，后退式采煤法到达工作面的风流温度要低 2 ~ 2.5 ℃，且沿采区平巷漏风少，风量相对较大。

3. 倾斜长壁采煤法

采用倾斜长壁采煤法，通风线路短，有效风量相应提高，对改善采煤工作面的气候条件是有利的。该方法适用于缓倾斜煤层。

### 二、控制顶板

控制顶板是采煤工作面安全管理的重点，与矿井降温也有着密切的联系。控制顶板主要是选择不同的支护方式和采空区处理方法。由于喷射混凝土支护能使巷道放热面积增加，对风流温升没有太大影响，故在实际应用中，高温矿井可采用喷射混凝土支护。

全面充填法是采空区处理方法中的一种，即向采空区充填温度较低的物质，以降低采空区的温度。充填材料温度较低时，充填物将使风流冷却。在使用风力充填时，压气还可以改善气候条件。如果岩石温度及工作面日产量越高，则充填材料所起的冷却作用也就越大。据试验得知，采用全面充填可以达到一台 400 ~ 500 K 的空调设备的冷却效果。

例如，日本鹿岛井原采用全面陷落法控制顶板，工作面推进 38 m 后，采空区气温高达 70 ℃。后采用风力全面充填法控制顶板后，一举解决了采空区漏热水、残留煤自然发火，隔断采空区顶底板放热等问题，迫使冷风流只沿工作面运动。充填物又大量吸热，使工作面温度下降 10 ℃。

## 第三节　井下热水治理

热水沿含水层或断裂带运移时，可产生大面积的和局部的异常热水进入巷道，使井下风流增湿增温，严重恶化井下环境。热水治理根据具体情况采取探、放、堵、截和疏导的措施治理。下面以几个矿的实测事例说明热水对风温的影响及治理。

### 一、地下热水对风流的加热

矿内热水通过两个途径把热量传递给风流：一是漏出的热水，通过对流对风流直接加热加湿；二是深部承压的高温热水垂直上涌，加热了上部岩体，岩体再把热量传递给风流。

井下热水对风流的加热作用是相当显著的。如平顶山八矿东翼 -275 m 水平（回风水平），岩温为 30 ℃，涌出的热水温度为 35 ~ 37 ℃，出水点处风温由 26 ℃上升到 29 ~ 31 ℃，$已_1$ 采区的放水量为 232 $m^3/h$，流经 2774 m 后，水温由 35 ~ 37 ℃降至 30 ℃，使该采区总进风量为 4032 $m^3/min$ 的温升高达 0.8 ℃。如湖南康家湾矿 9300 m 的双巷岩温为 28 ℃，当热水流经该巷后，巷道围岩温度上升达 32.85 ℃，新鲜风流流入该巷仅 200 m，干球温度增加近 10 ℃，湿球温度也增加近 7 ℃。

### 二、矿井热水的治理

1. 超前疏干

超前疏干就是将热水水位降到开采深度以下。是治理热水矿井行之有效的方法。

江苏镇江韦岗铁矿开采深度不大，但有 44 ~ 47 ℃的热水出露。在 -100 m 水平开拓时，工作面的温度一般为 30 ~ 33.4 ℃，最高达 40.8 ℃，湿度达到 100%，劳动条件极差，影响采掘进度。为了保证 -100 m 水平采掘在无高温热害条件下顺利进行工作，在 -200 m 水平中段利用联络巷道布置 4 个硐室，间距为 150 m，在每个硐室中施工 3 ~ 5 个放水孔。经过一年多的放水试验表明，热水很快降到 -150 m 水平，由于 -100 m 水平热水已疏干，-100 m 水平巷道风温降到 21.4 ~ 22.4 ℃（在自然通风时），方法正确，效果显著，改善了采掘工作面的气候条件。

2. 热水的排放方法

（1）地面钻孔把热水直接排到地面。为避免热水对矿井进风流的加热，在出水点附近打专门的排水钻孔，把热水就地排到地面。这种方法适合于热水埋藏浅、出水点较集中、水量较大的条件使用。如广西合山矿务局里兰矿，采用此法取得了较好的效果。

（2）回风井排放热水。凡回风水平涌出的热水都应在回风井底设水仓，建立泵房直接排出地面，避免热水对风流加热。平顶山八矿东翼建井期间对东风井的回风石门内涌出 100 ~ 4200 $m^3/h$、37 ℃的高温热水就采用这项措施，直到移交生产。

（3）利用隔热管道或加隔热盖板的水沟导入井底水仓。利用钻孔处理热水，可采用两种办法：一是对单孔涌水量小的孔进行封堵；二是对流量大的孔进行导流，引入密封水沟排入井底水仓。大巷水沟加盖隔热板，盖板之间用水泥砂浆勾缝，每隔5~6块盖板留一块活动盖板，以便进行清理。平顶山八矿东翼通过上述治理后，巷道的进风气温相对下降0.8℃，个别地点下降了2~2.5℃，取得了明显的降温效果。

（4）在热水涌出量较大的矿井，可开掘专门的热水排水巷。广西合山矿务局里兰矿，平顶山八矿建井期间都采用专门热水排水巷，取得较好的效果。

（5）少量局部涌出的高温热水处理方法。对沿裂隙喷淋和滴渗的高温热水，可采用打钻用水泥浆或化学浆液封堵和用隔热材料封闭出水段，把热水同风流隔开，将热水集中导入加隔热盖板的水沟中。

### 三、矿井热水的利用

矿井热水的出现，一方面加重了矿井的高温热害程度；但另一方面，在一定的条件之下热水又是资源，是矿山的财富。当矿井热水含有某种有益的矿物和微量元素，达到饮用矿泉水或医疗热水的标准时，就成为宝贵的水资源。因此，对于矿山热水，应除弊与兴利相结合，以收到最佳的经济效益。

开发利用矿井热水，它的突出优点是：矿井系统本身就构成了热水开发工程的主体，工程投资少，有时只需增加一些辅助性的卫生清洁净化措施便可开发利用。例如，平顶山矿务局八矿井下涌出的36~42℃的低温热水，经全面水质分析和专家鉴定属于天然含锶、硅质低矿化 $HCO_3-SO_6-Na-Ca$ 型矿泉水，可用于生产矿泉水饮料和啤酒。目前，我国已发现不少矿山热水资源，温度为35~50℃，属于中、低温热水，矿化度不高，具有广泛的利用价值，根据热水类型的不同，可以作为农田灌溉、养鱼、采暖等。

## 第四节　其他技术措施

### 一、减少采空区漏风

当前进式开采井田时，采空区漏风对采面的风温影响很大，工作面风温将增高2~2.5℃。采用前进式回采时，漏风多达进风平巷进风量的20%~30%。因此，高温矿井应尽量避免采用前进式开采方式。采用后退式回采、巷旁充填、W形通风，以及均压通风都可以减少采空区漏风，提高采掘工作面的有效风量，同时也可取得较好的降温效果。

### 二、隔热措施

巷道隔热主要用于矿井局部地温异常的区段。据计算，岩温39℃，长100 m的巷道，岩壁每小时可向30℃的空气传热2000 MJ。而涂上一层高炉硅渣隔热层后，只能传热260 MJ，约为隔离前的1/8。使用氨基甲酸泡沫剂喷到岩壁上进行隔热处理，有效期约为1年，干燥巷道效果较好。还可以在高温岩壁与巷道支架之间充填隔热材料，如高炉或锅炉炉渣等。用聚氨酯泡沫塑料喷涂岩壁，喷涂厚度为10 mm时，能产生较好的隔热效果。采用聚乙烯泡沫塑料、硬质氨基甲酸泡沫、膨胀珍珠岩等隔热材料喷涂岩壁，也能取得较好效果。但由于巷道隔热费用较高，而且隔热层的时效性较差，随着时间的推移，隔热层的作用将变小，同时还必须注意防火、防毒等安全问题。

### 三、局部降温设备

在掘进工作面可以使用涡流器来降低温度。涡流器又称冷气分离器，亦称雷格－希尔许管，是使用压缩空气制造冷和热空气的简单装置。将压缩空气输入一个“T”形制管的中间端，经过节流，使气流高速旋转，气体充分膨胀，在“T”形管的一端（冷端）放出冷气，另一端（热端）放出热气，冷气可低于0 ℃，热气可高于水的沸点。由于结构上无活动部件，使用寿命长，操作简便，井下压气充分，无须增加附件设备，因此该装置可作为井下局部降温手段之一。

例如，20世纪70年代我国煤科院抚顺研究所曾在淮南矿务局掘进头进行的试验：试验巷道断面1.8 m×1.6 m；热端置于回风眼口；工作面温度30 ℃（不使用涡流器时）；冷端温度0～2 ℃；0.23 m处风流温度25.6 ℃；1 m处风流温度27.6 ℃；2.8 m处风流温度为28.4 ℃。降温效果显著，可作为局部高温点降温手段之一。

### 四、冰块降温

冰的吸热能力是:冰块的温度从零下某度到零度时,1 kg冰块升高1 ℃能吸热2.09 kJ；从零度的1 kg冰到零度的水，能吸热335 kJ；零度的水每升高1 ℃时，1 kg的水能吸热4.18 kJ。当零下6 ℃的冰变为24 ℃的水时，吸收的总热量为$6\times2.09+335+24\times4.187=448$ kJ/kg。

矿区如有大量天然冰块的贮存条件，可以考虑在井下工作面进风口放置一定量的冰块吸收热量，降低风流的温度。根据这个数值和风流需要降低的温度，可计算每班或每小时所需要的冰块量。

### 五、煤壁注水预冷煤层

在回采工作面上顺槽沿倾斜、平行工作面布置钻孔，将低温水（水温低于原始煤体温度5 ℃以上）注入煤层中，使煤层和顶底板岩体受到冷却。

如庞庄矿综采工作面煤层注水后，粉尘含量由注水前1845 mg/m$^3$下降到675 mg/m$^3$；采煤工作面气温由24 ℃下降到23 ℃。鸡西滴道矿，回采工作面通过短孔注水后工作面温度降低1～1.5 ℃，风巷降低0.5 ℃。

## 第五节　矿工个体防护

矿工个体防护一般是指在矿内某些气候条件恶劣的地点，由于技术和经济上的原因不宜采取其他降温措施时，对矿工所进行的个体防护。《矿井降温技术规范》中规定，在热害矿井等级为二～三级的作业环境，短时作业的人员，可穿着冷却服进行个体防护。矿工个体防护的主要措施就是让矿工穿戴轻便的冷却服或冷却帽，以防止环境热对流和热辐射对人体的侵害，同时使人体自身的产热量传给冷却服或冷却帽中的冷媒。穿着冷却服是保护个体免受恶劣气候环境危害的有效措施之一。

## 一、冷却服的作用和要求

冷却服的作用：一是当矿工在高温地点作业时，可以防止对流传热伤害身体；二是可吸收人体在进行体力劳动时由新陈代谢产生的热量。

对冷却服的要求主要有以下 5 点：

（1）冷却服的重量要轻，穿上后不能影响正常工作。

（2）冷却服应拥有自动制冷系统。

（3）供冷持续时间 5 ~6 h。

（4）制冷剂应采用无毒无害，不燃不爆物质。

（5）防止因穿冷却服导致皮肤冻伤或感冒等症状发生。

## 二、冷却服的分类

冷却服根据自带能源和冷源与否分为自动系统和它动系统。自动系统是能够自带能源和冷源；它动系统需要外接能源和冷源，使用不方便。

根据冷却介质的不同冷却服可分为气体冷却服、液体冷却服、相变冷却服和混合冷却服 4 类。

### 1. 气体冷却服

气体冷却服一般由基础服装、空气压缩机和通风管等组成。气体冷却服的工作原理是自然状态的空气，或者压缩空气，或者经制冷设备产生的冷空气，通过服装内的管道或夹层送入体表空间，流动的冷空气增强了体表汗液的蒸发，汗液汽化吸热，与人体进行潜热热交换，降低人体体表温度，这是气体冷却服主要的冷却形式；另一种冷却形式是冷气在服装内部形成空气对流，与人体进行显热热交换，以达到降温的目的。

### 2. 液体冷却服

液体冷却服一般由服装主体、微型制冷系统及液体载冷剂循环管路组成。其冷却原理首先是微型制冷系统生产出低温载冷剂液体，再通过微型水泵将液体压入布置在液体冷却服内部的循环管路，输送到服装的各个部位，吸收服装内部的热量，吸收热量后的载冷剂液体再返回到微型制冷系统将液体降温到设计温度，循环往复。

液体冷却服的冷却介质主要有水、冰水混合物、水与乙烯基乙二醇组成的低于零度的冷冻液、相变乳状液及微胶囊乳状液等。

### 3. 相变冷却服

相变冷却服是利用相变材料在温度高于相变点时吸收热量而发生相变（融化蓄势过程），当温度下降，低于相变点时，发生逆向相变（凝固放热过程）进行工作的。其原理是当环境温度或人体皮肤温度达到服装内相变材料的熔点时，其吸热从固态转化为液态。使用时，提供或储存的冷源从贴近皮肤处吸取人体热量，在服装层内产生制冷效果，降低体温，延长人在高温环境中的工作时间。

相变冷却服的冷却介质主要有冰、干冰、冷凝胶和相变材料等。相变冷却服的冷却作用时间主要取决于冷却介质本身，如物理冰块完全溶化成水，干冰完全升华成二氧化碳，相变材料完全从固态变为液态，冷却服的制冷作用便结束。一般情况下，冷却作用时间为 2 ~4 h。

4. 混合冷却服

混合冷却服是指结合气体冷却服、液体冷却服、相变冷却服的冷却技术两个或两个以上的冷却服。该冷却服兼顾两者或两者以上冷却服的优势和特点，其综合性能优良，逐渐成为科学家们热衷研究的对象。

## 思 考 题

1. 改善矿井通风条件的措施有哪些?
2. 增大风量降温的有效性和有限性都是什么?
3. 从矿井降温的观点出发，确定矿井通风系统时应考虑的原则是什么?
4. 改革采煤方法及顶板控制来降温的措施有哪些?
5. 如何治理矿井热水?
6. 冷却服分为哪两类及其对冷却服的要求有哪些?

# 第七章 人工制冷降温

对于高温矿井，当采用一般的矿井降温措施仍不能有效地解决采掘工作面的高温问题时，就必须采用机械制冷降温技术，即采用人工制冷的办法，运用各种空气热湿处理手段，来调节和改善井下作业地点的气候条件，使之达到规定的标准。

现代化矿井空调系统的基本组成部分（固定制冷站）包括：制冷（制冷机组）、传冷（空气冷却器）、输冷（包括冷水管道和高压换热器）和排热（冷却水管道和水冷却器）。

## 第一节 矿井空调系统的分类

目前矿井机械制冷空调系统根据热力学特点可分为机械制冷降温矿井空调系统、冰冷却矿井空调系统、空气压缩制冷矿井空调系统。

### 一、机械制冷降温矿井空调系统

机械制冷降温矿井空调系统的原理是利用制冷机制出冷水，通过管道输送到用冷地点，然后通过风流热交换设备将冷量传给风流，达到制冷降温的目的。目前国内外常见的冷冻水供冷、空气冷却器冷却风流的矿井集中空调系统的基本结构模式如图 7－1 所示。它由制冷、输冷、传冷和排热 4 个基本环节组成。4 个环节的不同组合构成了不同形式的冷水降温矿井空调系统。

按制冷机组的安装地点，制冷机组安设在地面，制冷机组安设在井下，地面、井下同时安设制冷机组。机械制冷降温矿井空调系统可分为四大类：

1. 地面集中式空调系统

该系统将制冷站设置在地面，冷凝热也在地面排放。在井下设置高低压换热器将一次高压冷冻水转换成二次低压冷冻水，最后在用风地点上用空气冷却器冷却风流，如图 7－2 所示。这种空调系统有另外两种形式：一种是集中冷却矿井总进风，如图 7－3 所示。这种形式，在用风地点上空调效果不好，而且经济性较差；另一种是在用风地点上采用高压空气冷却器，如图 7－4 所示，这种形式安全性较差。实际上后两种形式在深井中都不可采用。井下冷却风流系统，载冷剂输送管道中的静压很大，所以必须在井下增设一个中间换热装置（高低压换热器）。其中，高压侧的载冷剂循环管道承压大，易被腐蚀损坏，并且冷损量较大。

2. 井下集中式空调系统

该系统的制冷机设在井下，通过管道集中向各工作站供冷水。系统比较简单，供水管道短，没有高低压换热器，仅有冷水循环管路。但必须在井下开凿大断面硐室，它给施工和维护带来困难，并且电机和控制设备都需防爆，难度大、造价高。随着开采深度的增加，

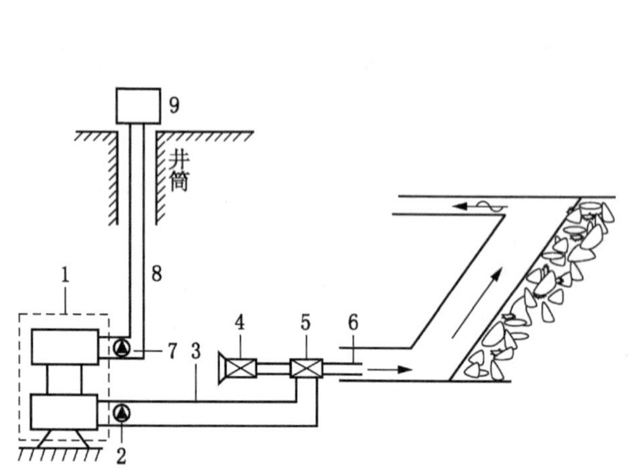


1—制冷站；2，7—冷却水泵；3—冷水管；
4—局部通风机；5—空气冷却器；6—风筒；
8—冷却水塔；9—冷却塔

图7-1　矿井空调系统结构模式

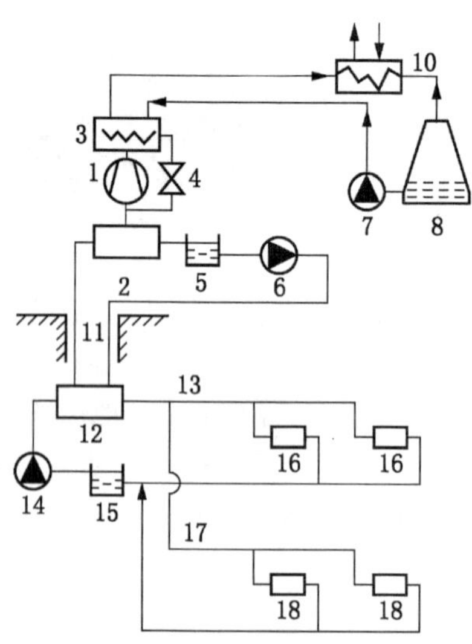


1—压缩机；2—蒸发器；3—冷凝器；4—节流阀；
5，15—水池；6，7，14—水泵；8—冷却塔；
9—冷却水管；10—换热器；11，13，17—冷水管；
12—高低压换热器；16，18—空气冷却器

图7-2　地面制冷、井下设高低压换热器

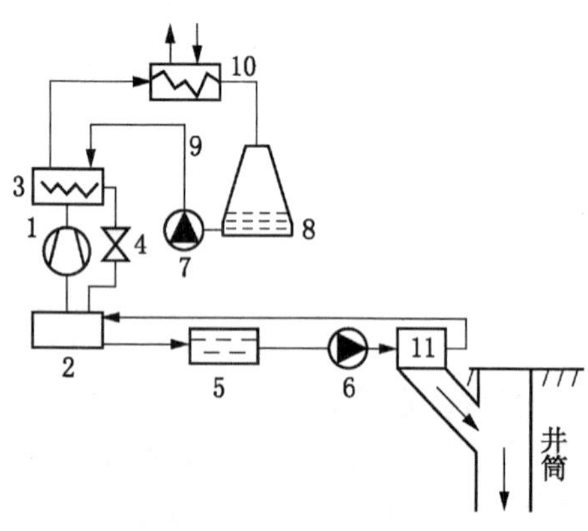


1—压缩机；2—蒸发器；3—冷凝器；4—节流阀；
5—水箱；6，7—水泵；8—冷却塔；9—冷却水管；
10—换热器；11—空气冷却器

图7-3　地面冷却总进风

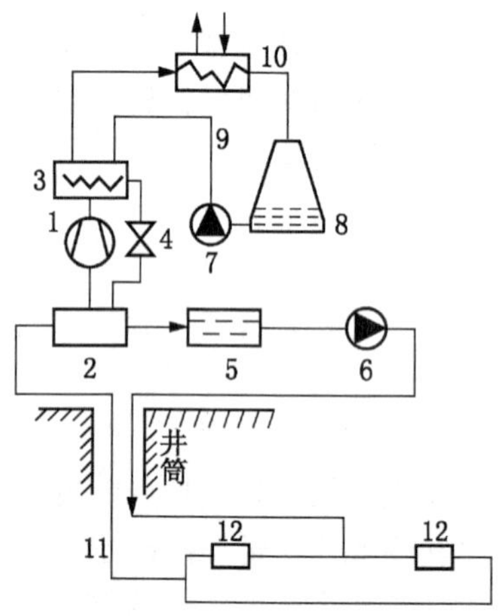


1—压缩机；2—蒸发器；3—冷凝器；4—节流阀；
5—水箱；6，7—水泵；8—冷却塔；9—冷却水管；
10—换热器；11—冷却水管；12—高压空气冷却器

图7-4　地面制冷、井下设高压空气冷却器

井下集中空调系统的冷凝热排放则成为突出的问题。这种布置形式只适用于需冷量不太大的矿井。井下集中式空调系统按冷凝排热系统的敷设方式的不同来分类，又可分成4种不同的布置形式：地下水源排热（图7-5）、地面冷却塔排热(图7-6)、回风流排热（图7-7)、几种排热方式混合排热。根据不同的实际情况采用不同的敷设方式。

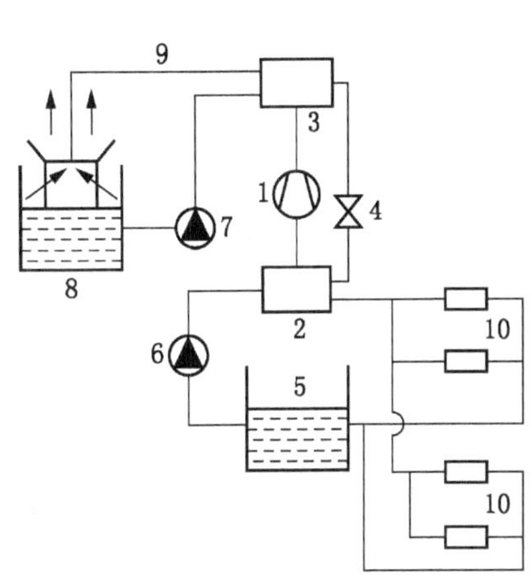


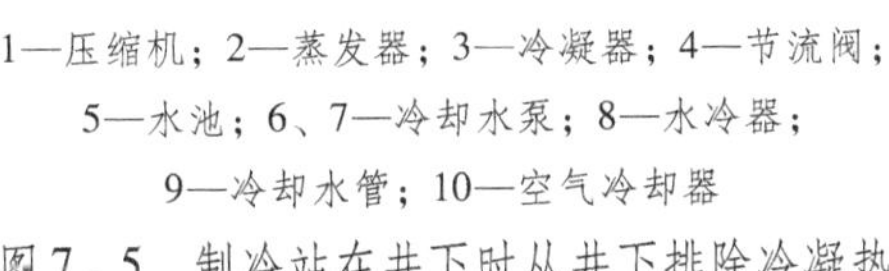
1—压缩机；2—蒸发器；3—冷凝器；4—节流阀；5—水池；6、7—冷却水泵；8—水冷器；9—冷却水管；10—空气冷却器

图7-5　制冷站在井下时从井下排除冷凝热

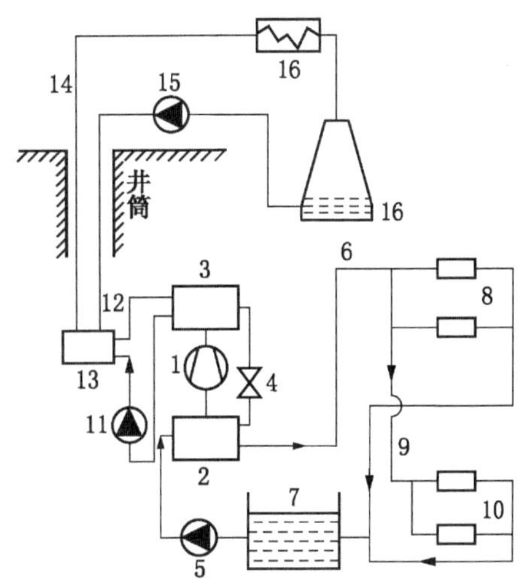


1—压缩机；2—蒸发器；3—冷凝器；4—节流阀；5、11、15—冷却水泵；6—主水平冷水管；7—冷水池；8—主水平空气冷却器；9—下水平冷水管；10—下水平空气冷却器；12、14—冷却水管；13—高低压换热器；16—冷却塔；17—换热器

图7-6　制冷站在井下时从地面排除冷凝热

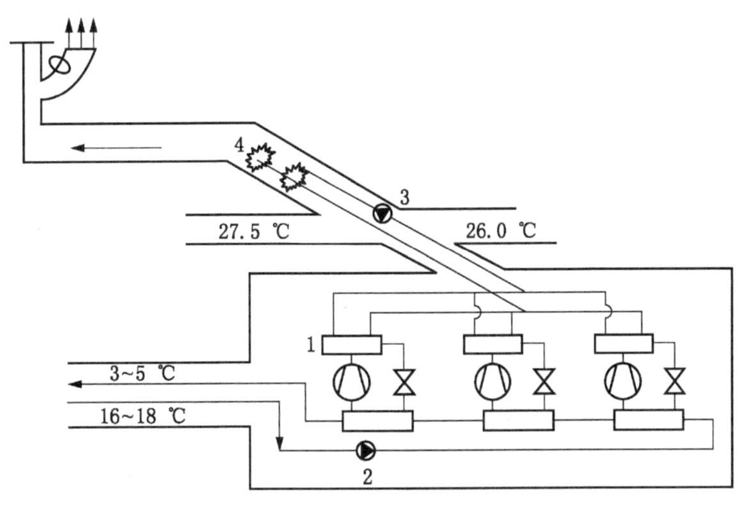


1—制冷站；2、3—冷却水泵；4—喷雾

图7-7　制冷站设在井下利用回风流排热

3. 矿井联合空调系统

这种布置形式是在地面、井下同时设置制冷站，冷凝热在地面集中排放，如图7-8所示。它实际上相当于两级制冷，井下制冷机的冷凝热是借助于地面制冷机冷水系统冷却。因井下的最大限度的制冷容量受制于相应的空气和水流的回流排热能力，所以通常需

要在地表安装附加的制冷机组。这就使得混合系统成为深井冷却降温的必要。该系统中设备布置分散，冷媒循环管路复杂，操作管理不便。但是它可提高一次载冷剂回水温度，减少冷损；可利用一次载冷剂将井下制冷机的冷凝热带到地面排放，这样就决定了此系统能承担大负荷，这些是井下集中式和地面集中式所缺少的优点。

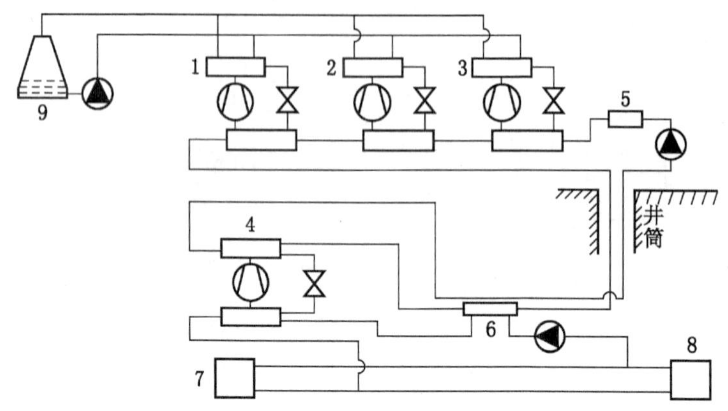


1～4—制冷机；5—空气预冷器；6—高低压换热器；7、8—空气冷却器；9—冷却塔

图7－8　井上、井下联合空调系统

4. 井下分散式局部空调系统

当实际矿井工程中只有几个点需要降温，并且点点相隔较远时，在矿井中不设置统一的大型制冷站，只在需要降温的地点，如掘进工作面、大型机电硐室等附近建立小型的制冷站，对局部地区进行降温。这时井下分散式局部空调系统是一种高效经济的降温措施。局部空调系统在我国应用得比较广泛，曾在平煤五矿已二采面用一台制冷量为 300 kW 的防爆制冷机组向已 15－23071 采面供冷，利用井下回风排热，效果明显，平均降温幅度 4 ℃；四矿戊九采面采用一台制冷量为 500 kW 的制冷机组向戊九采区的 S－19140 采面供冷，很好地满足了降温要求。

综上所述，4 种空调系统的优缺点比较见表 7－1。

表7－1　4种空调系统优缺点的比较

| 空调系统 | 优　点 | 缺　点 |
|---|---|---|
| 地面集中式空调系统 | ① 厂房施工、设备安装、维护、管理和操作方便<br>② 可采用一般型制冷设备，安全可靠<br>③ 冷凝热排放方便<br>④ 排热方便<br>⑤ 无须在井下开凿大断面机电硐室<br>⑥ 冬季可利用地面天然冷源 | ① 高压冷水处理困难<br>② 供冷管道长，冷损大<br>③ 需在井筒中安设大直径管道<br>④ 一次载冷剂需用盐水，对管道有腐蚀作用<br>⑤ 空调系统复杂 |
| 井下集中式空调系统 | ① 供冷管道短，冷损小<br>② 无高压冷水系统<br>③ 可利用矿井水或回风流排热<br>④ 供冷系统简单，冷量调节方便 | ① 井下要开凿大断面机电硐室<br>② 对制冷设备有特殊要求<br>③ 基建、安装、维护、管理和操作不方便<br>④ 安全性差 |

表 7-1（续）

| 空调系统 | 优　点 | 缺　点 |
|---|---|---|
| 联合式空调系统 | ① 可提高一次载冷剂的回水温度，减少冷损<br>② 可利用一次载冷剂排除井下制冷机的冷凝热<br>③ 可减少一次载冷剂的循环量 | ① 系统复杂<br>② 制冷设备分散，不易管理 |
| 井下分散式局部空调系统 | ① 冷量损失小<br>② 无须在井下开凿大断面机电硐室<br>③ 简单、灵活 | ① 制冷设备分散，不易管理<br>② 冷凝热排放困难<br>③ 安全性差 |

## 二、冰冷却矿井空调系统

冰冷却矿井空调系统就是利用粒状冰或泥状冰作为输冷媒质，通过风力或水力输送至井下的融冰装置，把冷量传递给用冷地点。由于冰具有较大的热容量，因此，该系统的制冷能力很大，已经得到了国内外许多高温矿井和研究人员的重视。缺点是投资大，且在冰的输送过程中，管道易出现堵塞和破裂，以及冰的融化速率不好控制等。

如图 7-9 所示，在地面建立制冰站，生产的冰屑通过安装在井筒中的输冰保温管路送至井底车场的融冰池。冰屑融化后，冷水泵将融冰池中 2 ℃左右的低温水通过保温管道输送至需冷地点。采用空气冷却器进行热湿交换、采面喷雾及采煤设备均使用低温冷冻水相结合的方式进行散冷，降低工作面温度，大部分冷却回水返回融冰池融冰，循环使用。

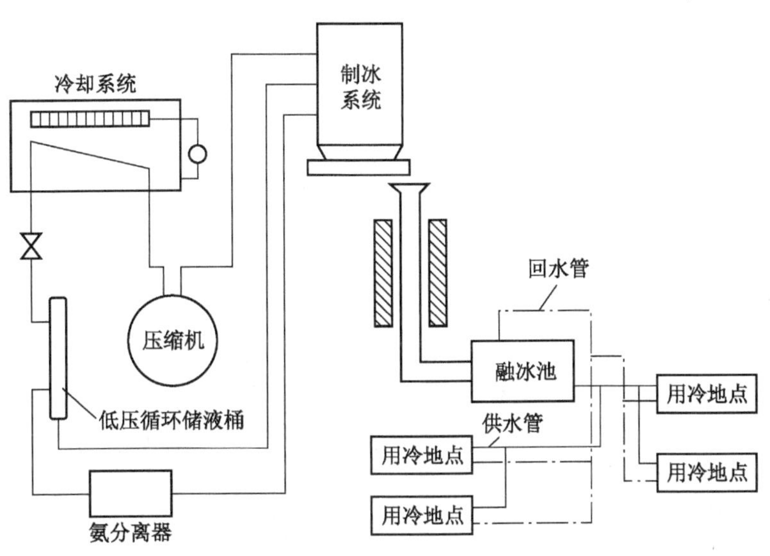


图 7-9　冰冷系统过程

由于人工制冷水降温技术不可避免地存在过高的静水压力和冷凝热排放问题，因此，20 世纪 80 年代初期，南非等国家开始进行人工制冰降温技术（或者叫冰冷却降温技术）

的研究。南非 Harmony 金矿于 1986 年第一个采用冰冷却系统进行矿井降温；最成功的冰冷却降温系统是 ERPM 矿，已经运行了多年，积累了丰富的经验。2004 年，山东新汶孙村矿采用了冰冷低温辐射降温空调系统获得了成功，并已形成技术专利向市场推广。人工制冰降温系统工艺流程如图 7－10 所示。

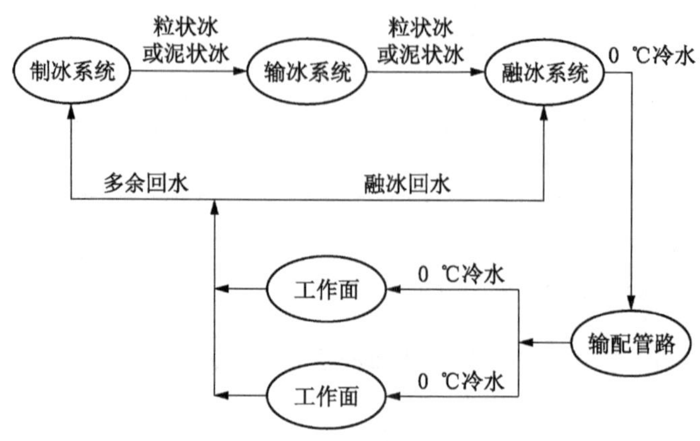


图 7－10　人工制冰降温系统工艺流程示意图

在矿井采深很大（超过 2000 m），冷负荷很大的情况下，冰冷却降温系统就显示出了它的优越性。需水量少，大大节约成本；输送到空气冷却器的冷水温度较低，换热效率高；克服了静水压力和冷凝热排放的难题。

冰冷却矿井空调系统在我国还处于试应用阶段，要真正推广应用冰冷却矿井空调系统，还有如下两个方面的技术难题需要加以研究解决：一是冰在管道中运动时会引起管道的激烈振动，从而导致对管道支撑的严重冲击，容易破坏管道，需要通过精密的支撑设计使得冲击力降到最小；二是管道容易堵塞，需要研发不同制冰设备和输冰设备，以及适合低温水和泥状冰传热要求的空气冷却器。

### 三、空气压缩制冷空调系统

空气压缩制冷降温是基于气体膨胀过程（某些相关研究将其当作多变过程处理）原理的新型空气制冷技术，目前已广泛地应用于航空、制氧、石油等工业领域，另外，将井下作业用压缩空气作为膨胀工质的矿井空气制冷系统在国内也有发展。由于井下作业较多地使用风动工具，因此矿井一般都具备比较系统的压气管道，可以节省其他制冷方式所必需的机械设备费用。压气制备系统比较简单，成本低，易施工，有利生产。井下压气降温系统如图 7－11 所示，其载冷剂为空气，廉价易得，这也在另一方面突出了其节能性。但是，由于空气压缩制冷循环的制冷系数、单位质量制冷工质的制冷能力均小于蒸气压缩制冷系统，在产生相同制冷量的情况下，空气压缩式制冷系统需要较庞大的装置，并且单位制冷量的投资和年运行费用均高于蒸气压缩式系统。而压力引射器、涡流管制冷器等装置，实际上仅是一种空气膨胀装置，它必须与地面空气压缩机联合使用。最主要的是由于受矿井压气系统压气量有限的限制，制冷量很难保证。

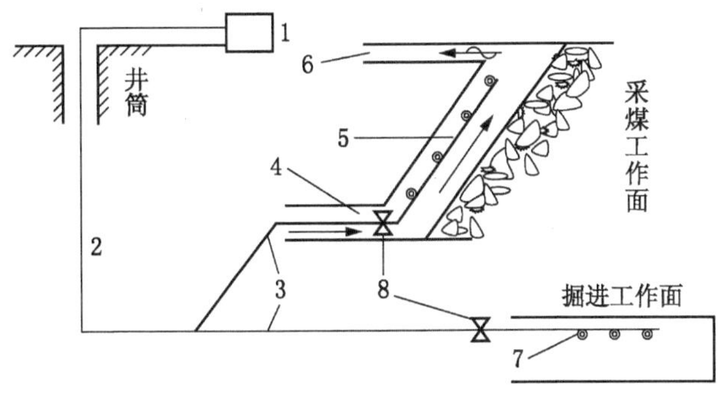


1—空压机；2—压气管道；3—压气支管；4—工作面进风平巷；5—采煤工作面送气软管；6—工作面回风平巷；7—掘进工作面送气软管；8—节流阀

图7-11　井下压气降温系统简图

## 第二节　制冷循环的基本原理及制冷方法

### 一、制冷循环的基本原理

当人们把酒精洒在手上，手会感到凉爽，这个现象是以物理定律为根据的，即任何液体的蒸发都需要从周围环境中吸取热量。当酒精向大气蒸发，它必须从手掌上吸收所需要的蒸发热，因此手掌有了冷的感觉，也就是产生了制冷效应。液体在蒸发状态下，压力和温度彼此对应，即当液体上方的压力下降时蒸发温度跟着降低；反之，液体上方的压力上升，蒸发温度也跟着上升，因此，只要在液面上方保持足够低的压力，它就可以在所需要的每一种温度下蒸发，从而得到所需要的绝对零度以上的任何温度。但是液体一旦被蒸发，即意味着液体被消耗了，因此，必须考虑所采用的液体（称制冷剂）既容易获得又价格低廉，同时可以重复地循环使用且不消耗。

要实现上述目标，需要以下几个主要部件构成一个制冷循环：蒸发器、压缩机、冷凝器和膨胀阀（节流阀），以及连接它们的管件、控制和安全仪表等。如图7-12所示。

由这些主要部件所组成的装置，称制冷机装置，简称制冷装置，或称制冷机组。制冷装置所应用的领域十分广泛，如用于化工和机械工艺流程、制药、冶金、矿山、电子、石化和食品等工业部门，可以说它应用于所有经济部门，早已不再限于它原来的应用范围，即食品的保鲜和房间的空气调节，在我国的矿山开采中也开始广泛地应用，如矿井空调（降温）、冻结凿井等。

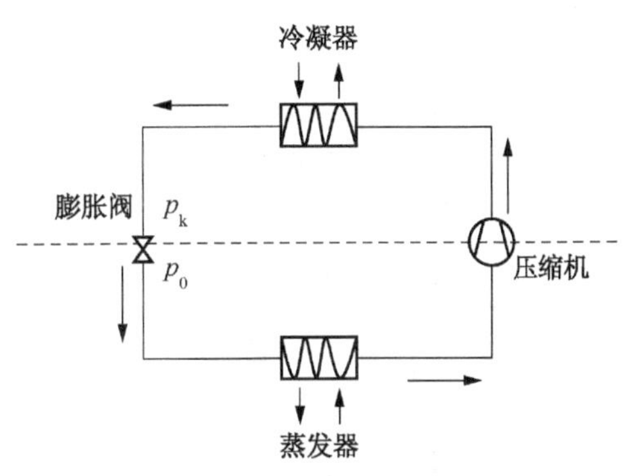


图7-12　压缩式制冷装置示意图

### 二、制冷方法

制冷有各种不同的方法，概括起来可分

为，蒸气压缩式制冷、吸收式制冷、固体溶解制冷、固体升华制冷、热电制冷和气体膨胀制冷及液体的蒸发制冷。

1. 蒸气压缩式制冷

蒸气压缩式制冷根据制冷剂在气态下再循环的方式，又分为机械压缩式制冷和蒸气喷射式制冷。

在机械压缩式中，根据压缩机的形式，还分为活塞式、螺杆式和离心式以及其他的一些特殊结构形式。

（1）机械压缩式制冷。这种制冷方式是最适合用于矿井空调的制冷装置，因为它结构紧凑，外形尺寸小，能量范围广阔，防爆问题也相对而言容易解决。不论是活塞式制冷机组、螺杆式制冷机组和离心式制冷机组，都可以根据矿井热负荷的大小，任意选用相应制冷能力的机型，一般当热负荷较小时，选用活塞式制冷机组，热负荷较大时，选用螺杆式制冷机组或离心式制冷机组，可以说机械压缩式制冷机组是矿井空调的最主要冷源，占有绝对优势。

机械压缩式制冷装置的工作原理（图 7－12）：具有较高压力 $p_k$ 的制冷剂液体，经过膨胀阀的节流膨胀作用向具有较低压力 $p_0$（对应蒸发温度为 $t_0$）的蒸发器喷射，并迅速蒸发。在蒸发过程中，吸收流过蒸发器的载冷剂（冷水）的热量，使载冷剂达到所要求的温度，从而获得所需要的低温冷水，蒸发后的制冷剂蒸气，被压缩机吸入并压缩成为具有较高压力 $p_k$ 的气体，再进入冷凝器，在压力为 $p_k$（对应的沸腾温度或冷凝温度为 $t_k$）的冷凝器中，气态制冷剂的热量被冷却水吸收，因此制冷剂蒸气冷凝为液体，液化后的制冷剂重新流向膨胀阀，这样就构成一个循环，周而复始，一个循环接着一个循环。

如果不考虑压力损失，在图 7－12 中所画的水平点划线以上，压力大体等于冷凝压力 $p_k$，这部分称为高压系统，在其下方，压力大体等于蒸发压力 $p_0$，这部分称为低压系统。整个循环由蒸发过程、压缩过程、冷凝过程及节流过程 4 个过程组成。

（2）蒸气喷射式制冷。它虽然以喷嘴取代了压缩机，使复杂的结构简单化，具有很大的优越性，但它需要工作蒸气以及产生蒸气的锅炉，鉴于它本体庞大，又受需要蒸气的限制，因此不能用于井下，如果制冷站设在地面，又有充足的工作蒸气来源（工作压力要求 0.3～0.8 MPa），则是可以采用蒸气喷射式制冷机组的，不过目前的蒸气喷射式制冷机组的制冷剂都采用水，蒸发温度在 0 ℃以上（冷水出口温度在 10 ℃以上），这样使冷水温度偏高，又限制了采用它。因为地面站向井下输送的冷水要求有较低的温度，今后如果能研制出以氟利昂为制冷剂的蒸气喷射式制冷机，将会得到扩大采用。

2. 吸收式制冷

吸收式制冷与蒸气喷射式制冷相同，都是以消耗热能来制冷的，因此能否采用它，与蒸气喷射式制冷条件相似，不过它的优点在于需要的蒸汽压力较低，一般为 0.06～0.1 MPa，因此利用废热、废气就可以工作。它们共同的缺点是体积庞大，占地面积大和冷却水消耗量大。

3. 固体溶解制冷

冰或共晶冰的溶解要吸收大量热量，也是理想的冷源，我国矿井空调的早期阶段，就曾经将冰块放置在采区的进风巷道，使热风流经过它得到冷却，具有一定效果。现代实验发现，深井的降温，例如井深为 3000 m 时，从地面向井下输冷，用冰输冷比用水输冷更经济，而且井越深越有利，其流程是制冷机在地面制出冰块，用输冰管道将冰块送至井下冰水池，在冰水池用水溶化冰而制出近 0 ℃的冷水，而后再将冷水用泵送至工作面的空气冷却器冷却风流，温水再返到冰水池溶化冰块循环使用。冰的溶解潜热很大，1 kg 冰的溶解潜热为 334.9 kJ，可使 1 kg 的水降低 80 ℃，或者说可使 80 kg 的水降低 1 ℃，如果人工制冷即用制冷机来制成，每 1000 kg 冰需要能量为 40 ~ 60 kW · h，而利用天然冰从 1000 kg 的冰中能获得 93 kW · h 的净制冷量。

另外，用冰造成的低温有一定的限度，一般不能低于 3 ℃，为了降低冰的熔点可以加食盐，其熔点的降低程度，依加入的食盐量而定，见表 7 – 2。

表 7 – 2　随食盐含量而定的冰的熔点

| 食盐含量/% | 溶点/℃ | 食盐含量/% | 溶点/℃ |
|---|---|---|---|
| 0 | 0.0 | 14 | –9.0 |
| 2 | –1.1 | 16 | –10.5 |
| 4 | –2.4 | 18 | –12.1 |
| 6 | –3.5 | 20 | –13.7 |
| 8 | –4.9 | 22 | –15.2 |
| 10 | –6.1 | 24 | –16.9 |
| 12 | –7.5 | 26 | –18.7 |

4. 固体升华制冷

一种称为干冰（R – 744）的固体二氧化碳其溶解温度极低，在大气压力下温度低达 –79.8 ℃时即由固态升华为气态，因此它能制出极低的温度，同时单位容积制冷量很高，约为普通冰块的 3.4 倍，利用干冰其制冷量可按下式计算：

$$Q_{CO_2} = m_{CO_2} q_{t_u}$$

式中　$m_{CO_2}$——干冰的质量，kg；

$q_{t_u}$——环境温度 $t_u$ 的函数，见表 7 – 3。

表 7 – 3　$q_{t_u}$ 对应环境温度 $t_u$ 的函数值

| $t_u$/℃ | –78.9 | –70 | –50 | –30 | –20 | 0 |
|---|---|---|---|---|---|---|
| $q_{t_u}$/(kJ · kg$^{-1}$) | 571 | 581 | 597 | 615 | 623 | 640 |

同冰相比，在 $t_u$ = 0 ℃时，干冰的制冷量为冰的 2 倍，生产 1000 kg 的液态 $CO_2$ 所需的电能为 80 ~ 120 kW · h。

目前干冰只作个体防护服的冷源。

5. 热电制冷

热电制冷的机理完全不同于蒸气压缩式制冷和吸收式制冷。它是以温差电现象为基础的制冷方法，将两种不同的金属线相互连接形成的闭合线路，只要通以直流电，就会使其中一个连接点变热，另一个连接点变冷。这就是帕尔帖效应，亦称温差电现象。生产冷端就是所需要的制冷。热电制冷器的产冷量一般很小，所以不宜大规模和大制冷量使用。但由于它的灵活性强、简单方便、冷热切换容易，非常适宜于微型制冷领域或有特殊要求的用冷场所。

6. 气体膨胀制冷

气体膨胀制冷是利用高压气体的绝热膨胀来实现低温，并利用膨胀后的气体在低压下的复热过程来制冷的。气体绝热膨胀的设备不同，一般有两种方式：一种是将高压气体经膨胀机膨胀，有外功输出，因而气体的温降大，复热时制冷量也大，但膨胀机结构比较复杂；另一种方式是令气体经节流阀膨胀，无外功输出，气体的温降小，制冷量也小，但节流阀的结构比较简单，便于进行气体流量的调节。

最后还要提及液体的蒸发制冷，由于液氮（$N_2$）具有惰性气体的性质和较大的蒸发潜热。液氮的沸点为 -195.8 ℃，沸点下的蒸发热为 200 kJ/kg，已用于井下火区灭火和降温，也可作个体防护服的冷源。

其中第 1、2 种方法的制冷剂能做循环流动并且重复使用。第 3、4 种方法的制冷剂只能一次性使用不能循环利用。第 5 种方法虽然制冷系统中不需要机械式的中间环节，但所使用的半导体的效率太低。第 6 种方法需要有大量的高压空气，在矿井中也很难应用。

## 第三节　制　冷　机　组

### 一、矿井空调制冷方式应用比较

我国《煤矿安全规程》规定，矿用制冷机组的电气（电机、电控及测试装置）必须符合煤矿防爆规程要求，制冷剂必须是无毒、无爆炸危险的物质，禁止采用氢气、氨等制冷设备。整机应取得煤矿安全标志“MA”等必备的安全文件。

早在 20 世纪 50 年代，苏联在一个采深 835 m，工作面距离进风井筒 3600 m 的矿井中，对蒸气压缩式制冷、压缩空气制冷、冰块制冷以及液态空气制冷等制冷方式进行了降温试验，其各种制冷方式的经济比较结果见表 7-4。

表 7-4　各种制冷方式的经济比较

| 制冷方式 | 蒸气压缩式制冷 | 压缩空气制冷 | | 冰块制冷 | 液态空气制冷 |
|---|---|---|---|---|---|
| | | 直冷 | 做膨胀功 | | |
| 相对经济指数 | 1.00 | 23.00 | 3.80 | 6.70 | 13.20 |

目前，国内外在矿井空调中，采用的制冷方式有各种类型，但主要的是蒸气压缩式制冷（以电能为动力）和蒸气吸收式制冷（以热能为动力）。

1. 蒸气吸收式制冷与蒸气压缩式制冷比较

蒸气吸收式制冷是以热能为动力的吸收式制冷方式，在国外的矿井空调中已有使用。如苏联用矿井瓦斯或发电厂余热作为吸收式制冷的加热源，建立地面集中制冷站。吸收式制冷设备的最大优点是节省电能，见表7－5。但总体来说，在矿井空调中使用最多的制冷机组还是蒸气压缩式制冷机组。

表7－5　电能与热能制冷的能耗与经济比较（以制冷量1200 kW为基础）

| 能源 | 制冷机组 | 基本建设费/万元 | 二次能耗 | | 一次能耗（标准型）/（kg·h⁻¹） | 运行成本/（元·h⁻¹） | 能耗比COP | 运行成本 |
|---|---|---|---|---|---|---|---|---|
| | | | 电耗/kW | 热耗/GJ | | | | |
| 电能 | 蒸气压缩式制冷机组 | 80 | 380 | — | 105 | 187.39 | 3.4～5.9 | 电耗，水费，折旧费，大修费，人工费等 |
| 热能 | 吸收式制冷机组 | 162 | 85 | 3.93 | 191 | 230.15 | 1.0～1.3 | |

2. 冰块制冷与蒸气压缩式制冷降温比较

由表7－5可见，冰块制冷降温的费用为蒸气压缩式制冷降温的6.7倍。1992—1993年，平顶山八矿曾购买冰块到井下制冷降温；台湾海山一坑三木西采面在风筒前4 m处放置冰块降温。使用结果表明，这种降温方式，费用高，能耗大，冰块融化时间较长，降温效果差。因此，在矿井降温中很少使用。如一个需冷量为800 kW的回采工作面，需要日供冰量为195t，这不仅能耗大，费用高，冰块融化时间长，而且运输也是很困难的。

南非是世界上最早开展矿井空调的国家之一，各种矿井空调措施在南非都进行过使用和试验。冷水空调系统是矿井空调中普遍采用的方式，20世纪80年代初，对南非当时的设备价格及能耗进行的经济分析表明，当开采深度达到3000 m以下时，用冰输冷较用水输冷更为有利。南非于1985年，在一个金矿建立一座日产千吨冰的制冷站。通过试验运行后的经济分析表明，在开采深度达到3000 m时，其经济指标的能耗与冷水系数相当（总成本分别为$51.4\times10^6$ R/a和$55.3\times10^6$ R/a）；而达到4000 m时，其费用较冷水系数节省16%（总成本分别为$115.0\times10^6$ R/a和$136.8\times10^6$ R/a）。

矿井空调及采矿专家们认为，目前的煤矿开采都在3000 m以上，采用制冰输冰降温系统既不经济，能耗又高，故以采用冷水降温系统为佳。

现以地面集中冷水空调系统与制冰输冰降温系统进行技术经济分析比较。空调矿井的具体条件是：采深为1000 m，矿井生产能力为3 Mt/a，采掘工作面的风流温度为34 ℃，矿井的有效制冷为4800 kW。

1）技术比较

地面集中冷水空调系统与制冰输冰降温系统技术比较，见表7－6。

表7－6　冷水系统与制冰系统的技术比较

| 比较项目 | 冷水系统 | 制冰系统 |
|---|---|---|
| 可靠性 | 好 | 差（可能产生冰窟） |
| 安全性 | 好 | 一般 |
| 制冷的经济效率（制冷系数） | 高，制冷系数为3.6～6.6 | 低，制冷系数为1.8～2.0 |

表7-6（续）

| 比较项目 | 冷水系统 | 制冰系统 |
| --- | --- | --- |
| 占地面积/$m^2$ | 小（<1000 $m^2$） | 大（2268 $m^2$） |
| 井巷工程量 | 大（建高低压换热器硐室） | 小 |
| 一次供冷管径 | 大 | 大 |
| 水能回收 | 可以 | 不能 |
| 供水温度/℃ | 3～6 | 2～6 |
| 环境保护 | 好 | 差 |
| 蓄冷能力 | 小 | 大（停机时可短时继续供冷） |

由表7-6可见，在技术上，两个方案各有利弊，都是可行的。但是，冷水系统简单，可靠性和安全性好，制冷效率高（约为制冰的2.0～3.3倍），技术成熟，是国内外矿井空调的基本方式。

2）经济比较

经济比较主要包括：基本建设投资，系统的运行费用，能耗以及空调成本等项。同冷水系统相比，制冰系统的最大缺点是能耗大（一般较冷水系统高25%～35%）、筹建费用高（一般较冷水系统高55%～75%）。具体比较见表7-7。表7-7计算的条件是：系统的年运行时间为300天，日运行时间为24 h，操作维护人员的平均日工资额为50元，附加工资系数为20%，吨煤利润为50元，电费为0.5元/(kW·h)。

表7-7　冷水系统与制冰系统的经济比较

| 方案 | A冷水系统 | B制冰系统 | 比较:B-A |
| --- | --- | --- | --- |
| 矿井有效需冷量/kW | 4800 | 4800 | 0 |
| 基本建设费用/万元 | 2339.7735 | 4038.7484 | 1698.9749 |
| 系统总动力/kW | 2735.0 | 3432.5 | 697.5 |
| 制冷设备动力/kW | 1680 | 2700 | 1020 |
| 排水动力耗(冰融化成水)/($kW \cdot h \cdot a^{-1}$) | 0 | 1503360 | 1503360 |
| 运转费用/(万元·$a^{-1}$) | 1387.4179 | 1813.9757 | 416.5578 |
| 供电费用/(万元·$a^{-1}$) | 984.6 | 1235.7 | 251.1 |
| 排水费用(冰融化成水)/(万元·$a^{-1}$) | 0 | 75.1680 | 75.1680 |
| 折合费用/(万元·$a^{-1}$) | 1621.3953 | 2217.8505 | 596.4552 |
| 设备制冷系数/($kW \cdot kW^{-1}$) | 4.41 | 1.91 | -2.5 |
| 系统制冷系数/($kW \cdot kW^{-1}$) | 1.70 | 1.40 | -0.30 |
| 供冷量成本/[元·$(kW \cdot h)^{-1}$] | 0.284 | 0.375 | 0.091 |
| 单位制冷量的基建费/(元·$kW^{-1}$) | 3733 | 6731 | 2998 |
| 吨煤降温成本/[元·$(t \cdot a)^{-1}$] | 2.89 | 4.60 | 1.71 |
| 矿井降温效益/(万元·$a^{-1}$) | 3443.1610 | 3026.6032 | -416.5578 |
| 结论 | 佳,可以采用 | 差,不宜采用 | A较B优越 |

由表7－7可见，制冰系统的基本建设费用要比冷水系统高72.6%，能耗高25.5%，吨煤降温成本高57.4%，电费每年多251.1万元，运转费用每年多416万元，且制冰系统的占地面积比冷水系统多1168 $m^2$。表中的年运转费用包括电费、折旧费、工资及附加工资、附加材料费、维修与服务费用等。

技术为经济服务，现代先进技术的应用主要体现在安全及经济有效上。矿井空调系统优化设计的经济数学模型的目标函数是求出折合费用的最小值，如何节省能源是矿井空调技术研究的另一个重要内容。节省能源是我国经济建设的一项重要方针。因此，在选择矿井空调的冷源时，必须从矿井的实际情况出发，进行多方案的技术经济分析比较，在技术先进、安全适用、管理操作方便的前提下，应以折合费用最小、能耗最低的方案为最优方案。

## 二、矿井空调制冷方式的选择

选择矿井空调何种制冷方式分析如下：

(1) 根据南非金矿的矿井实践经验，在采深3000 m以下的矿井空调中，采用制冷输冰空调系统是经济可行的。

(2) 我国煤矿的开采深度大多在2000 m以上，而且井下缺水的情况较少，故采用冷水空调系统为好。

(3) 从节能减排的角度看，应选用蒸气压缩式（用电能制冷）冷水机组，或冷风机组，而不宜选用制冰设备，或吸收式制冷设备。

(4) 制冷设备安设在地面时，应选用板式蒸发器，这样可提供1～3 ℃的冷水，这与制冰系统相当。

(5) 在井下具备排热条件，或使用高压冷凝器时，制冷设备可安设在井下，这样既节能又可减少基建和运行费用。

(6) 在矿井具有天然热能源（如矿井瓦斯）或工业余热（如热电厂）时，可选用吸收式制冷设备，并可建立热（冬季供热）、电（发电）、冷（夏季供冷）一体化系统。

(7) 在我国北方地区，可采用冰窖贮冷降温系统，或充分利用天然冷源（如天然冰、雪、低温水以及冷空气等）。

(8) 在采用制冰、输冰降温系统时，由于地表水温较高（夏季一般为24～28 ℃），直接用来制冰，能耗较大。因此，应采用冷水机组将水预冷至10 ℃左右，然后再输入制冰机进行制冰。

综上所述，影响矿用制冷设备的因素除能耗外，还有经济性因素、社会效益和使用特性三个方面。其中，经济性因素以折合费用等经济指标表示，社会效益主要表现对环境、人体健康影响两个方面，使用特性包括冷源设备的可靠性、安全性、维护管理等以下三个方面：①冷源设备的可靠性主要体现在设备能够连续不断向系统供给冷量，设备运行的故障少，维修量小。当制冷设备直接安装在井下使用时，由于受环境条件（高温、高湿，具有有毒、易燃、爆炸性气体）的制约，矿用制冷设备的使用特性必须满足这一环境要求。设备结构紧凑，搬运、安装、操作、维修方便。设备占地面积要小，以减少机房工程量。②在安全方面，必须符合安全规程的要求，所有电气设备必须具有煤矿安全标志（MA）。③在设备维护管理方面，运行管理人员必须进行严格的技术培训，充分掌握设备的技术性能，制定严格的运行操作规章制度。对于制冷设备用水的水源，水质必须符合国家标准，对于水质较差的水源，要进行水质处理，以防杂物和带有腐蚀性的水进入设备，影响设备的效率和寿命。

可供地面使用的（矿井地面制冷站）的制冷设备见表 7－8。

表 7－8　螺杆冷水机组的主要技术参数

| 型号 | | LSLG16F | LSLG20F | LSLG25F | KM1000 | KM2000 |
|---|---|---|---|---|---|---|
| 名义工况制冷量/kW | | 500 | 1080 | 2200 | 1030 | 2040 |
| 制冷剂 | | R22 | | | | |
| 机组制冷剂充填量/kg | | 180 | 300 | 550 | | |
| 机组首次加油量/kg | | 220 | 400 | 800 | | |
| 压缩机 | 型号 | K16 | $LG20CF_2B$ | $KF_2 25-1$ | Y1 | XB1 |
| | 转速/$(r \cdot min^{-1})$ | 2960 | 2960 | 2960 | | |
| | 能量调节 | 10% ～100% | | | | |
| 电动机 | 主电机型号 | $Y280M_9-2$ | $Y315M_4-2$ | Y400－2 | | |
| | 功率/kW | 125 | 250 | 560 | 280 | 560 |
| | 电源 | 3 P，380 V，50 Hz | | | | |
| | 油泵电机型号 | $Y100L_2-4$ | $Y100L_2-4$ | $Y132M_2-6$ | | |
| | 功率/kW | 3 | 3 | 5.5 | | |
| 蒸发器 | 冷水管径/mm | DN100 | DN150 | DN250 | 蒸发温度 0 ℃ | |
| | 冷水流量/$(m^3 \cdot h^{-1})$ | 86 | 186 | 370 | 59 | 124 |
| | 水侧阻力/MPa | ≤0.07 | | | 进/出水温度 18/3 ℃ | |
| 冷凝器 | 冷却水管径/mm | DN125 | DN150 | DN250 | 冷凝温度 42℃ | |
| | 冷却水流量/$(m^3 \cdot h^{-3})$ | 124 | 267 | 540 | 110 | 217 |
| | 水侧阻力/MPa | ≤0.07 | | | 进/出水温 29/39 ℃ | |
| 油冷器 | 冷却水管径/mm | DN32 | DN65 | DN65 | | |
| | 流量/$(m^3 \cdot h^{-1})$ | 6 | 11 | 21 | | |
| | 阻力/MPa | ≤0.07 | | | | |
| 外形尺寸 | 长/mm | 3300 | 3930 | 4800 | | |
| | 宽/mm | 1690 | 2120 | 3070 | | |
| | 高/mm | 1950 | 2230 | 3070 | | |
| 机组净重/kg | | 4750 | 8700 | 16100 | | |
| 运行重量/kg | | 5500 | 10100 | 20000 | | |
| 噪音/dB(A) | | ≤89 | ≤62 | ≤95 | | |

注：1. 名义工况为冷水出水 7 ℃，进出温差 5 ℃；冷却水进水 32 ℃，进出温差 4 ℃。
2. 德国 WAT 制造。

## 三、制冷设备的选择要求

鉴于煤矿井下环境的特殊性，对于在井下使用的制冷设备，必须具备以下要求：

(1) 电机、电控及电测试仪器仪表必须符合煤矿防爆规程要求。

(2) 所用的制冷剂必须是无毒、不可燃及无爆炸危险。

(3) 蒸发、冷凝器及油冷却器的水侧额定工作压力为 4 MPa。

(4) 结构紧凑，体积小，搬运方便，最大运输部件的外形尺寸应由用户确定。

(5) 电动机电源应符合煤矿电源要求（由用户确定），如电压为 660 V、1140 V 等。

(6) 可在空气相对湿度为 90% ~100%，大气压力为 110 ~120 kPa 的环境中使用。

(7) 设备应具有相应的安全保护和控制装置，如高压过高、低压过低、油压差过低、油温过高、冷水及冷却水的断水保护等。

我国已使用的矿用（符合煤矿安全要求）制冷设备见表 7 -9。

表 7 -9 矿用制冷设备技术参数

| 型号 | LFJ -160 | LKM2 -235 | DV -290 | MLSLGF -580M | KLSLG16F | WKM -1900 |
|---|---|---|---|---|---|---|
| 安装地点 | 井下 | 井下 | 井下 | 井下 | 井下 | 地面 |
| 制冷量/kW | 160 | 235 | 300 | 580 | 500 | 1900 |
| 制冷剂 | R22 | R22 | R22 | R22 | R22 | R22 |
| 电机功率/kW | 45 | 75 | 90 | 132 | 132 | 630 |
| 冷却水量/($m^3 \cdot h^{-1}$) | 35 | 11.9 | 21 | 140 | 135 | 535 |
| 冷水量/($m^3 \cdot h^{-1}$) | — | — | - | 100 | 86 | 400 |
| 冷却风量/($m^3 \cdot min^{-1}$) | 300 | 350 | 600 | — | — | — |
| 出水温度/℃ | — | — | 蒸发温度 5 | 7 | 7 | 1 |
| 冷却水温度/℃ | 32/36 | 25/45 | 冷凝温度 45 | 32/36 | 32/36 | 32/36 |
| 使用矿井 | 潘三矿 | 四老沟矿 | 梧桐庄矿 | 潘三矿 | 新集一矿 | 孙村矿 |
| 制造厂 | 大连冰山 | 德国 WM | 德国 WAT | 烟台冰轮 | 大连冰山 | 德国 WM |
| 使用时间 | 2002.6 | 1991.9 | 2004.6 | 2004.6 | 2006.9 | 1995.6 |
| 设备研制单位 | 抚顺分院 | WM | WAT | 烟台冰轮 | 抚顺分院 | WM |
| 制冷压缩机 | 活塞 | 活塞 | 活塞 | 螺杆 | 螺杆 | 螺杆 |

## 第四节 空气冷却器和换热器

### 一、空气冷却器

1. 空气冷却器的分类及差别

在矿井空调系统中，为了使采掘工作面或其他处所的温度达到规定的温度，必须对风流进行热、湿处理，这个风流的热、湿处理是通过空气冷却器来实现的。根据它的工作特点，矿用空气冷却器分为两种基本类型，即接触式（喷淋）和表面式。

1) 接触式空气冷却器

接触式空气冷却器指与空气进行热、湿交换时，其冷却介质直接与被冷却的空气接触，例如用冷水喷淋降温。将冷水直接喷淋到被处理的空气中去，这种冷却方式的空气冷却器，通常又称喷雾式空气冷却器。

接触式空气冷却器具有结构简单、制造容易，不受煤尘影响，热效率稳定，可以实现多种空气处理过程。而且还有除尘净化风流的作用，它的阻力很小，可以不需要附加风机就可以工作，所以在矿井空调中有广泛的前途。它的缺点则是因为水与空气直接接触，极易污染变脏，甚至使管道、喷嘴堵塞和泄露，影响劳动环境。另外，水系统较复杂，需设回水箱和回水泵。

接触式空气冷却器通常按照风流的方向分为卧式和立式，它们分别固定于平巷和暗立井中，也有按可否移动而分为固定式和移动式。无论哪种型式的接触式空气冷却器，在它的出风侧为了减少颗粒水滴被风流带走都装设挡水板，挡水板做成折板形，当水滴碰到板上可顺流回到水池，这样就减少了水滴的带走。

接触式空气冷却器的缺点目前已基本得到解决，特别是在矿内空气污浊的环境中，表面式空气冷却器易污染、难于清洗，因此，目前在国外的矿井降温中，接触式空气冷却器正在得到广泛的推广使用。

2）表面式空气冷却器

表面式空气冷却器（简称表冷器）是指与空气进行热、湿交换时，其冷却介质不和被冷却的空气直接接触，而是通过空气冷却器的金属表面来进行交换的。

表面式空气冷却器具有结构紧凑、使用方便，不妨碍井下作业和不污染井下作业环境以及冷量范围宽广可以适合任何采掘工作面的需要等优点，因而被广泛使用。但在设计与选型时，必须考虑到矿内空气含尘量大，巷道空间狭窄的特点，即要求空气冷却器的换热表面不易积垢又易于清洗，外形尺寸要小，特别是要求横断面要尽量小，使它便于搬运和拆卸，此外还要拥有足够大的换热面积和良好的换热性能。它的缺点是热效率不稳定，加工较复杂，金属消耗量大。

表面式空气冷却器分为固定式和移动式。固定式是将换热管安装在主要进风巷道（或暗井）中，又称大巷空气冷却器，该型空气冷却器传冷能力大，可达2000～3000 kW。移动式空气冷却器按使用地点的不同，可分为平巷空气冷却器和采面空气冷却器。平巷空气冷却器主要安装在采区进风平巷中（包括掘进巷道），其传冷量一般为90～700 kW；采面空气冷却器主要安装在回采工作面内，其传冷量一般为10～100 kW。

目前，国内外在矿井降温中，使用的表面式空气冷却器主要由肋片管、板管、带管、光管等换热管组成。

对于接触式空气冷却器的缺点，目前已基本得到解决，特别是在矿内空气污浊的环境中，表面式空气冷却器易污染、难于清洗，因此，目前在国外的矿井降温中，接触式空气冷却器正在得到广泛的推广使用。

表面式空气冷却器与接触式空气冷却器的不同之处在于：在表面式空气冷却器中，风流经过金属管壁将热量传递给冷水，再由冷水将热量带走；而在喷淋室中，风流和水直接接触并互相搅和，达到传热和传质的目的。由此可见，两种类型的空气冷却器受环境的影响有明显的差别。

（1）在结构上。表冷器是由很长的换热管束（光管、肋片管、板管或带管）组成，而接触式是由在自由空间中的排管和喷嘴组成。

每一种空气冷却器都有挡水板，其作用就是防止风流将水滴带入巷道中。表冷器的换热管主要是采用铜管（不易腐蚀，传热效率高）；接触式的主要换热元件是喷嘴，冷水通过喷嘴将冷水喷进风流中，以降低风流温度，落下的水集中在集水池中，再由水泵通过回水管道送回制冷站。由以上结构可见，接触式较表面式有如下优点：

① 在防止环境污染方面，接触式不存在热交换表面污染的问题，可以长时间运行而不降低效率；而在表冷器中，防止换热管表面污染是相当困难的。使用实践表明，在风流含尘量较大的巷段中，表冷器运行 8h 之后，其换热效率降低 20%，即使清洗好的表冷器，在运行一周后，换热效率也要降低 50% 左右，因为有些粉尘附着在换热管表面上，很难用喷水清洗掉，需要用刷子刷下。

② 在材料消耗和造价方面，接触式不用金属材料（如铜材），而表面式需要用铜材。如一台传冷能力为 120 kW 的表冷器需要铜材 700 kg；接触式除箱体、水管、管件采用钢材外，其余部分如均风板、挡水板、喷嘴等均可采用抗静电、阻燃的高强塑料。由此可见，在同样传热量的条件下，接触式的重量约为表冷器的 40%，其造价约为表冷器的 1/6。接触式空气冷却器的维修要比表冷器简单得多。

（2）在传冷性能上。影响空气冷却器传冷能力的因素很多，如进入空气冷却器的风流参数（温度、湿度和风量等）、供水温度与水量，以及水风比等。在同样的风、水参数的条件下，在水风比较小时，表冷器的传冷量大于接触式，随着水风比的加大，接触式的传冷量越来越大。表冷器的传冷能力小于接触式的主要原因是换热管的管壁热阻阻碍了热传导换热，相反地，接触式则充分地利用了风流与水的温差，进行了充分地换热；另一方面，在矿井条件下，由于冷却站环境空气污浊，含尘量大，增加了换热管壁的附加热阻，结果降低了其传热能力。大量的矿井使用经验表明，由于环境污染，致使表冷器的传冷能力在短时间内降低 1/5 ~ 1/3。例如，1966 年抚顺煤科院在淮南九龙岗矿的降温试验结果表明，在同样的供水和通风条件下，表冷器的传冷量为接触式的 30% ~ 80%。同时，接触式空气冷却器不会因为环境污染而降低其换冷能力，它可在含尘空气中长期运行。

（3）冷却后的风流参数。空气冷却器的出风流是干燥还是潮湿，取决于风流的状态变化过程。影响接触式空气冷却器长期不能推广使用的一个重要原因是，人们认为接触式使风流变得潮湿，恶化作业环境。其实，这种担心是不必要的。因为在矿井降温中，供给空气冷却器的水温较低（一般为 5 ~ 10 ℃），而入风温度一般都超过 28 ℃，因此，冷水水滴界面上的分压力小于风流中水蒸气的分压力，从而使水汽从风流中凝结出来，使风流干燥，并不会使风流变潮。实际使用表明，两种类型空气冷却器的出风状态是相近的。

（4）能耗。在表冷器中，由于风流通过密集的换热管而造成较大的通风阻力；而接触式只有水滴和挡水板造成通风阻力。试验表明，同样传冷量的空气冷却器，接触式的风机能耗仅为表面式的 1/3 ~ 1/2。但是，接触式的供水能耗除喷水能耗与表面式相近外，由于接触式为开口系统，还需要克服较高的静水压力。

2. 空气冷却器的使用条件、发展及部件要求

1）空气冷却器的使用条件

为了保证空气冷却器能在空间狭窄、空气污浊的环境中安全、正常运行，必须满足以下的条件：

（1）换热管表面防污染、易清洗、不沾水，换热管的换热、换湿能力大、效率高。

(2) 结构紧凑、重量轻、移动方便。

(3) 箱体要有足够的强度，保护换热管不受损坏。

(4) 换热管及箱体的表面防腐性能好。

(5) 对于水冷表面式空气冷却器(简称水冷表冷器),水侧的工作压力不应低于 4 MPa。

我国矿用水冷表冷器，于 1965 年由抚顺煤科分院研制，采用光管固定式，在淮南九龙岗矿试验、使用，此后又开发研制多种型号规格的矿用水冷表冷器。我国矿用水冷表冷器的使用情况，见表 7-10。

表 7-10 我国矿用水冷表冷器的使用情况

| 型号 | 九龙岗型 | 孙村型 | 平一型 | KBL-90 | KBL-150 | GBL-1 |
|---|---|---|---|---|---|---|
| 产冷量/kW | 26.1 | 128 | 58 | 93 | 150 | 150 |
| 管特性 | 光管 | 助管 | 助管 | 助管 | 助管 | 光管 |
| 配用风机/kW | 全负压供风 | 5.5 | 2 | 11 | 14 | 28 |
| 冷水量/($m^3 \cdot h^{-1}$) | 23.1 | 25 | 13.2 | 10 | 16 | 10 |
| 风量/($m^3 \cdot min^{-1}$) | 150 | 175 | 100 | 150 | 270 | 270 |
| 进/出风温/℃ | 26/23 | 27/15 | 30/20 | 28/17 | 28/17 | 34/23 |
| 进/出水温/℃ | 18.5/19.5 | 6/10.5 | 8/12.2 | 6.5/14.5 | 6/15.27 | 7/19.9 |
| 换热管布置方式 | 水平 | 斜置 | 水平 | 斜置 | 斜置 | 水平 |
| 制造厂 | 九龙岗矿 | 蚌三空 | 蚌三空 | 蚌三空 | 蚌三空 | 希达公司 |
| 试验地点 | 九龙岗矿 | 孙村矿 | 平一矿 | 平八矿 | 平八矿 | 孙村矿 |
| 鉴定时间 | 1965 | 1984 | 1980 | 1990 | 1990 | 1993 |
| 研制单位 | 抚顺分院 | 抚顺分院 | 抚顺分院 | 抚顺分院 | 抚顺分院 | 武汉院 |
| 外形尺寸/(m×m×m) | 6.0×2.8×2.8 | 2.4×0.75×1.5 | 1.2×1.0×1.0 | 2.8×0.85×1.5 | 2.8×1.0×1.5 | — |
| 重量/kg | — | 1000 | 500 | 1100 | 1200 | — |

2) 空气冷却器的发展阶段

决定矿用水冷表冷空气冷却器换热性能的主要因素有：传热面积，结构特征，水与风流的流动状态，及由其决定的传热系数，水与风流的对数平均温差等。德国矿井 DMT 矿用通风与空调技术研究所根据上述因素的分析，结合矿井的实际使用情况，不断改进矿用水冷表冷器的结构和性能。矿用空气冷却器的发展概括为三个阶段：

(1) 1966 年以前，以翅片管式为主。此型空气冷却器的次级换热面积占总换热面积的 85%。其优点是，换热面积大，但易污染，不宜清洗，使其使用和发展受到了限制。

(2) 1983 年以后，以板管式和带管式为主。此型空气冷却器的次级换热面积占总换热面积的 60%。但仍然易污染，难于清洗，使用特性仍然不能令人满意。

(3) 1989 年以后，为了克服上述类型的缺点，开始研究光管式空气冷却器。该型空气冷却器的次级换热面积为 0，但传热系数大，易清洗，使其在矿井降温中发展迅速，已成为矿井降温的主要传冷设备。

3) 空气冷却器的结构部件要求

空气冷却器的各结构部件要求如下：

（1）换热管。换热管最好选用 $\phi10\times1T_2$ 紫铜光管、铜镍合金翅片管，或铝合金不粘水管，并将其压成扁圆形。

（2）外壳（箱体）。外壳要用 5 mm 厚的钢板焊制成长方形或圆形。箱体外表面刷优质仿瓷漆，内涂玻璃钢防腐层，以适应井下环境，延长设备的使用寿命。

（3）换热管支撑框架。换热管安装在角钢焊制的整体框架上，形成整体机芯，机芯底部装有滚动轮，可以方便地从机箱内进、出移动。这样方便安装和清洗、检修。框架与一侧端盖板相连，再以端盖板与外壳箱体连接固定。

（4）清洗喷水管。在箱体内的进风侧安装喷水管，不定期地对换热管表面进行清洗，清除污垢，使之保持良好的换热性能，其接口采用阀门与回水管相连。

（5）挡水板。为了保证空气冷却器在运作过程中冷却后的风流不带走过多的水滴，在设备的出风端安装了挡水板。挡水板采用标准的 LUWA 型，材料为玻璃钢质，具有抗腐蚀性，挡水效率高等优点，可以保证空气冷却器的使用效果。

（6）其他部件。在箱体上装有吊耳，可以整体吊运，方便安装和运输。在底部焊有滑轨或轮子，以便于移动和安装。为了保证换热管中水流畅通，在进水管上有水过滤器，以防止水中可能带有的杂物进入换热管而造成的堵塞，箱体底部装有排水阀门，用以排除箱内积水。

（7）配套设备及部件。配套设备主要是风机，风机有电动与风动两种。风机一般装在空气冷却器的吸风侧（压入式供风），空气冷却器与风机间用柔性风筒连接。空气冷却器与水管用柔性金属软管连接。在进、出水管上安装有流量计、压力表、温度计、控制闸阀、单向阀等必要的控制、测试装置。

## 二、高压水能转化及高低压换热装置

当制冷站设在地面时，为了使高压水不直接进入空气冷却器，需要在深水平设置高压水能转化或高低压转换热装置。

在无摩擦或静止状态下，水压的变化是由其高差决定的：

$$\Delta p=\rho_w\Delta Hg/1000 \tag{7-1}$$

式中 $\Delta p$——水压的变化，kPa；

$\rho_w$——水的密度，取 1000 $kg/m^3$；

$\Delta H$——高差，m；

$g$——重力加速度，$m/s^2$。

由式（7-1）可见，水位每下降 10 m，水压便上升 98.1 kPa。但在水的流动状态下，便存在着摩擦压头损失，此时的水压变化量为

$$\Delta p=\rho_w(\Delta H-h_y)g/1000 \tag{7-2}$$

式中 $h_y$——水在管内流动时的摩擦压头损失，m。

由于水流动时的摩擦压头损失一般仅占总的水位能变化量的 1% ~2%，所以，水在沿井筒内管道向下流动时，水的位能增量是很大的。而在井下空调地点的用水工作水平，不希望布置高压管道。因为布置高压管道一方面不安全，另一方面高压管的价格昂贵。因此，要求在井下工作水平布置低压管道，供应低压水，这就存在高压水的减压问题。主要

的减压方法有以下几种。

1. 贮水池或减压阀

最简单的减压装置是建造贮水池，即将由井上来的高压水直接送到井下贮水池以减压，然后，根据风流冷却站的位置，用水泵将冷水送到用水地点。该方式的缺点是：不安全、冷量损失大，且需要开凿大断面硐室。

另一个简单装置是采用减压阀。减压阀可自动、可靠地将高压进水降到所需要的低压水。其压力的调节是借助于减压阀的膜片来实现的。如进水压力上升时，其上升的压力会将膜片压进膜片槽里去，从而保证出水压力在规定的水压上。

人们注意到，当水向下流动时，如不对外做功，则要损失势能。这些势能将要全部变成热能，其温升值可用式（7－3）计算：

$$\Delta t = g\Delta H / c_w \tag{7-3}$$

由式（7－3）可计算在水垂直向下流动1000 m时，其温升可达2.34 ℃［水的比热容 $c_w$ 为4.1868 kJ/(kg·K)］，这是一个相当可观的数值。由此可见，在采用贮水池或减压阀来降低水压时，冷量损失是相当大的。

2. 高低压换热器

人们还注意到，当水在管道内处于有压状态向下流动时，其温升仅与进水温度有关。例如在进水温度为30 ℃时，水位每下降1000 m的温升为0.2 ℃；进水温度为0 ℃时，其温升极小，可以忽略不计。

根据上述原因，采用高低压换热器来使高压水与低压水进行换热，而且不会引起冷水的显著温升。

国外在矿井空调中常用的高低压换热器为圆筒壳管式，如图7－13所示。其低压水在换热管束内流动，而高压水在圆筒内、管束外流动。

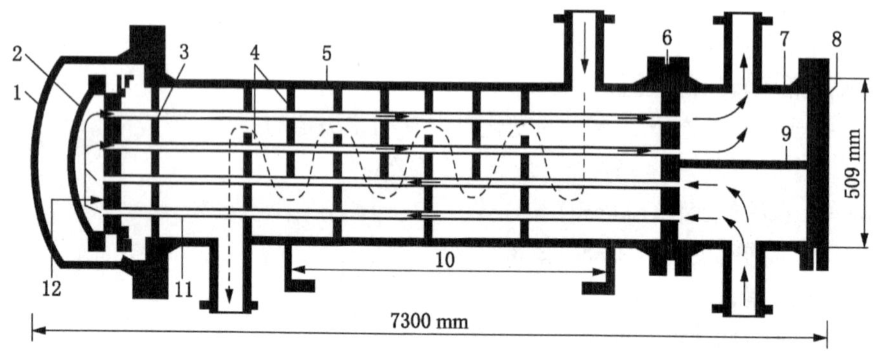


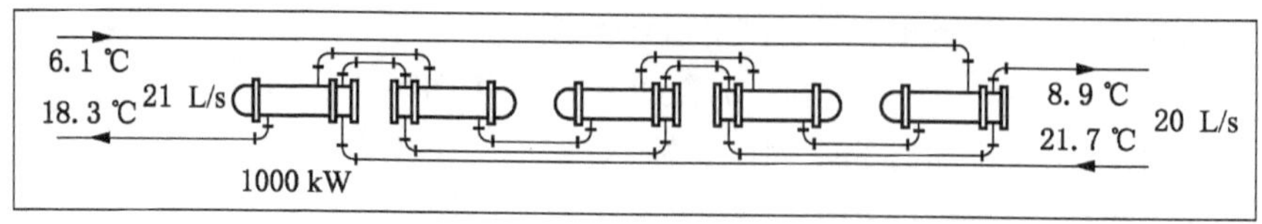


1—筒体顶盖；2—管头板盖；3—支撑板；4—转向隔板；5—筒体；6—固定的管头板；7—集水箱；8—集水箱盖；9—流程隔板；10—支座；11—换热管束；12—浮动管头板

图7－13　高低压换热器图

该方式的优点是：①高压水是有压闭路循环，温升小；②由于低压水易受污染，令其在换热管内流动，便于清洗；③由于高压水闭路循环，水泵仅克服摩擦阻力与局部阻力，故能耗小、费用低；④二次水的压力可根据需要，由水泵输送；⑤可使蒸发器保持清洁。

该方式的缺点是：①在高压水的进出水和低压水的进出水之间存在温度跃迁，如图7－13 中为2.8 ℃和3.4 ℃，所以未能充分利用制冷站输送来的冷量；②为了缩小温度跃迁，势必加大换热器的体积；③整套装置价格昂贵，一般为同容量制冷机组的60% ~ 70%；④需要在井下开凿大断面硐室；⑤管理与维护工作量较大；⑥整套装置很难移动。

为了提高高低压换热器的可靠性和耐用性，应采用钛合金制造。

3. 水能回收装置

为了利用水的势能，减小水向下流动时的温升及消除冷水在高低压换热器里的温度跃迁，自20世纪70年代末开始，南非及德国的一些矿井使用了水能利用装置。

图7－14为一个水能利用装置的工作系统。来自地面的高压水驱动水轮机2之后，进入贮水池，再用水泵3将降压后的冷水从水池中抽吸并经管道送到空气冷却器6。水轮机直接带动水泵4，将水排回到地面制冷站，电动机5协助水轮机驱动水泵。

水能利用装置一般是用来协助水泵将水排到地面上去。所采用的设备多为斗轮式水轮机。水轮机可直接连接到水泵上进行排水，也可以将它与发电机相连接，其发出的电能输送到电路中去。后者的效率要比前者低15%，但其管理与控制却比直接连到水泵上简单得多，所以采用的较多。在南非金矿，利用高压水直接驱动采矿机械。

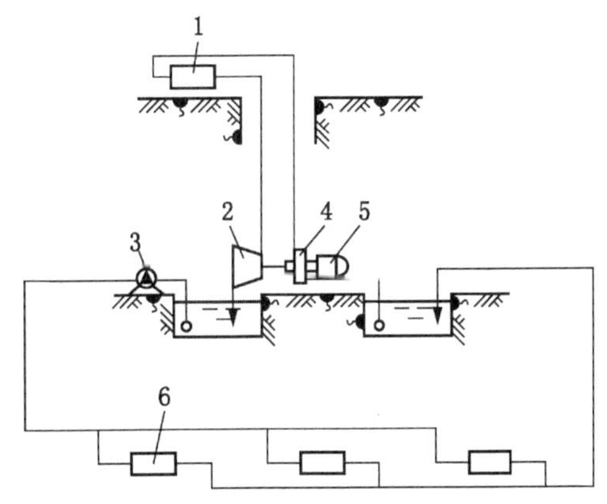


1—地面制冷站；2—轮式水轮机；3—水泵；4—联动水泵；5—电动机；6—空气冷却器

图7－14 水能利用装置

4. 高低压转换器

图7－15所示为一种新型的高低压水能转换器，它的规格为长2.6 m，宽1.6 m，高4.4 m。其工艺流程是：在一个汽缸里，由可以自动滑动的活塞将冷水与温水隔离开。从井下系统中的空气冷却器返回的温水流入气缸的上部，使活塞向下滑动，从而将气缸下部的冷水排挤到井下低压系统中。当活塞滑到气缸下部的端点时，三通阀转向，将缸体与井下的低压系统断开，同时将缸体与井上的高压系统接通（在缸体下部），这时，缸体中的存水处于高压状态。当连接高压系统的单向阀打开时，地面制冷站来的高压水便流进汽缸的下部，推动活塞向上滑动，从而将气缸上部的温水排到地面制冷站。当活塞滑到缸体的顶端时，三通阀便再次转向，重新进行着上述的低压水转化过程。从而依次交换着高压水与低压水的转换行程。为了使这种转换过程能够连续的进行，需要安装三套这种按预定行程工作的高低压水能转换器。这种高低压水能转换器的结构简单，主要由一个缸体、一个三通阀和两个单向阀（逆止阀）组成。在低压行程中，其高压水被暂时贮存起来，而在高压行程中，低压水被暂时贮存起来。

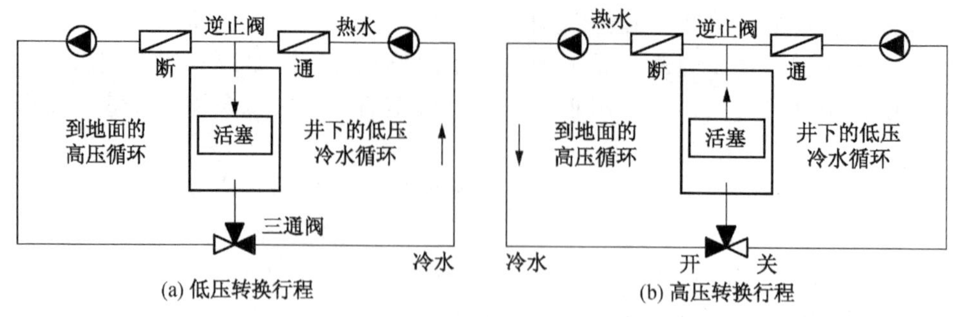


图 7－15　高低压转换器结构示意图

## 第五节　矿井空调排热及供冷管道的保冷

### 一、矿井空调的排热

1. *冷凝器的冷却方式*

制冷机在制冷的过程中，制冷剂吸收了载冷剂放出的大量热量在冷凝器中被排放出来，这就是矿井空调的排热由来。所以矿井空调的排热，实际是冷凝器的排热，也就是冷凝热的排放。其排热的方法因制冷机的布置位置而有很大差异。例如，制冷机组布置在地面时，冷凝热可以利用普通的冷却塔、凉水池所获得的冷却水或地面的大气来排放，这是最常用和最经济的办法。但是当制冷机组布置在井下时，冷凝热的排放就会比较困难。

井下冷凝器的主要冷却方式有以下三种：

（1）利用水冷却的水冷式。水冷却，就是水在冷凝器中吸收制冷剂的热量之后水温升高，然后经水泵将冷却水送往水冷却装置。在冷却装置中，水将热量传递给空气，水温降低，空气被加热加湿，然后水又回到冷凝器中，继续吸收制冷剂的热量，达到连续排热的目的。

（2）利用水和空气冷却的蒸发式。蒸发式冷凝器的运行方式与水冷却方式类似，冷凝器的换热盘管的外表面直接处在水流与风流之中，水在换热盘管的外表面直接蒸发冷却。

（3）利用空气冷却的风冷式。风冷式冷凝器完全不用水，冷凝器的换热盘管带有翅片，风流通过换热盘管吸收制冷剂的热量。

以上三种冷却方式，蒸发式是一种最好的冷却方式，因为，排除同样的冷凝热，蒸发式所需的风量最低。如每排除 1 kW 的冷凝热，所需的风量分别为：蒸发式冷凝器 30～60 L/s；水冷却冷凝器 40～80 L/s；风冷式冷凝器：140～200 L/s。

虽然冷凝器的排热通常有水冷却、蒸发式冷却和空气冷却三种方式，但由于井下条件特殊，利用井下风流直接冷却冷凝器来排放冷凝热是不可能的。因此实际上只有利用水来冷却或者说只有利用水来排放冷凝热是唯一的方法。但是这并非排除利用矿井风流来冷却水，从而使水能循环的排放冷凝热。

在矿井空调中，制冷站设在地面时，有条件的地方，可直接用江、河或湖水作为冷却水，但在大部分情况下需要使用冷却塔。按水与空气的热、湿交换特征，分为湿式冷却塔和干式冷却塔。湿式冷却塔的换热特征是，经过水表面的空气与水直接接触，通过接触换热和蒸发换热，把冷却水的热量传递给空气。该种方式换热效率高，水被冷却的极限温度为空气的湿球温度，但水的耗量大。在缺水的地区采用干式冷却塔。该种方式是空气与水通过换热管表面进行间接换热，管内冷却水的热量是通过管壁传递给空气的。该种方式热交换效率低，一次性投资大，配用局部通风机的能耗大。冷却塔的设计工况见表 7－11。

表 7－11　冷却塔的标准设计（GB 7190—2008）

| 冷却塔的类型 | 标准冷却塔 | 中温冷却塔 |
|---|---|---|
| 进水温度 $t_{w1}$/℃ | 37 | 43 |
| 出水温度 $t_{w2}$/℃ | 32 | 33 |
| 设计温度 $\Delta t$/℃ | 5 | 10 |
| 湿球温度 $t_f$/℃ | 28 | 28 |
| 干球温度 $t_a$℃ | 31.5 | 31.5 |
| 大气压力 $p$/kPa | 99.4 | 99.4 |

2. 矿井空调的排热方法

当制冷站设在井下时，可供排热的条件主要有矿井涌水和回风。直接用井下水排热时，水经过过滤、处理后，水质必须符合冷却水的水质标准，而且水温不能高于 33～35 ℃（按设备的出厂要求），并有充足的水量。在用回风流排热时，风流温度应低于冷凝器进水温度（如大冷规定 20～35 ℃）3～5 ℃（冷幅），如进水温度要求 32 ℃时，风流温度不应超过 29 ℃；进水温度为 35 ℃时，风流温度不应超过 32 ℃。根据获得冷却水的方法不同，而有下列排热系统（方法）：

（1）利用矿井水排热。由于矿井水与空气长期接触，使得水温接近于空气的湿球温度，在矿井水温低于冷凝温度 7～8 ℃以上时，矿井水就可以用来为冷凝器排热，但矿井水的水量往往有限，只够排放部分冷凝热。所以利用矿井水冷却冷凝器往往只能作为辅助性措施，或是出于节约电能而采取的节能措施。用于冷凝器排热的矿井水消耗量，主要取决于矿井水温和机组的冷凝温度，当它们的温差较大时，水的消耗量较小；而温差较小时，水的消耗量增大。所以在考虑利用矿井水排热时，不仅要着眼于水量，更重要的是还要着眼于水温，同时考虑，视有多少冷量（温差×水量×水的比热）可供利用而定。

（2）利用矿井回风排热。利用矿井回风排热实际是利用矿井回风间接排热，即回风先冷却水，而后再用冷却了的水送去冷凝器排热，直接为冷凝器排热的仍是冷却水，但是冷却水需要回风流去冷却，这样才能使矿井回风排热成为可能。由于冷却水需要量很小，消耗量也很少，所以可以忽视它的来源。

（3）在遇到利用矿井水和利用矿井回风排热有困难时，必须由地面供水或经地表层（使水温降到接近恒温带的温度）供水排热。此时有两种方式：一种是与利用矿井水排热相同，不同的只是井下水仓水的来源前者是来自矿井涌水，后者是来自地面或地表层的水，水经过冷凝器后，还需要用泵排至地面或恒温带的储水层，因而需要在井筒增装管道，同时需要消耗大量排水用电，显然这种方式是出于不得已；另一种方式，将水管在井下的部分做成闭路，将冷凝器做成有相变的高低压换热器，从地面或地表层来的水经过冷凝器后只需克服流动阻力而不必克服高差就可流回地面或地表层，再冷却循环利用。此系统不需要强大的排水电能，不过增加了冷凝器的制造成本和制造安装的困难程度，所以很少应用。

矿井空调的排热装置有表面蒸发式水冷却器、井下水平喷淋室、井下垂直冷却塔及再冷装置等。

## 二、矿井供冷管道的保冷

### 1. 矿井供冷管道保冷的作用和意义

高温矿井井下环境温度，一般在 29 ~ 35 ℃，有温差就会有热量的传递。为了将作业环境温度降到《煤矿安全规程》规定的标准，采用供冷管道把制冷机制出的低温水（3 ~ 5 ℃）送到空气冷却器，以冷却风流达到降温的目的。为避免在管道输冷过程中的冷损，对输冷管道实行隔热，减少冷损失。

隔热方法是在输冷管道外部覆盖一层导热系数很小而且适于井下热湿环境的隔热材料来减少冷损量。为使隔热层长期保持效能，涂一层防潮的材料，再用具有一定程度的材料将隔热层和防潮层保护起来。

提高输冷管道的保冷效率是提高整个制冷系统工作效率的关键之一。据有关资料报道：在矿井空调系统的冷量损失中，输冷管道约占 60% 。例如，在直径为 150 mm 的冷水管道中（管内水温为 5 ~ 6 ℃），保冷时，冷损量为 10. 6 kW/km，没有保冷时，则为 502. 4 kW/km。因此，采用机械制冷时，为减少输冷过程中的冷量损失，必须实施输冷管道的保冷。

### 2. 常用保冷材料

理想的隔热材料应具有：导热系数小、密度小，吸水率低且耐水性能、抗水蒸气渗透性能、耐低温性能好，阻燃（氧指数高）、稳定性能好，机械强度较高、施工运输安装方便等优点。

常用保冷（隔热）材料有膨胀珍珠粉、泡沫玻璃、泡沫石棉、岩棉、聚苯乙烯泡沫塑料、聚乙烯泡沫塑料、硬质聚氨酯泡沫塑料等。

通过多种材料性能的综合分析评价，建议采用导热系数小、重量轻、强度高、水蒸气渗透率和吸水率低、氧指数高、使用温度范围广、阻燃、现场发泡工艺操作简便、所需设备费用少、综合经济效果好的自熄性硬质聚氨酯泡沫塑料作为输冷管道的保冷材料。

### 3. 保冷材料的导热系数及影响因素

导热系数是保冷材料最重要的参数。导热系数小，保冷隔热性能就好。一般情况，材料的导热系数随密度加大而增大，对同一种材料，密度小的导热系数也小。材料的含水率、水蒸气渗透率、密度、冷量传递中的温度范围、温差大小、保冷材料结构、保冷管道结构形式、保冷层厚度等对导热系数值均有直接的影响。

材料导热系数与其含湿率密切相关，图 7 – 16 所示为 4 种多孔材料含湿率与热系数的关系（平均温度为 22 ℃，试件温度 27. 78 ℃）。可见，含湿率增加，保冷性能大大降低。

含水率在10%以内时，导热系数值没有明显变化。但含水率超过2.5%后，其导热系数就会明显增大。因为在正常条件下，存在于空气中的水蒸气有自己的分压力。一旦渗入输冷管道的隔热层遇冷达到露点温度便凝结成水。

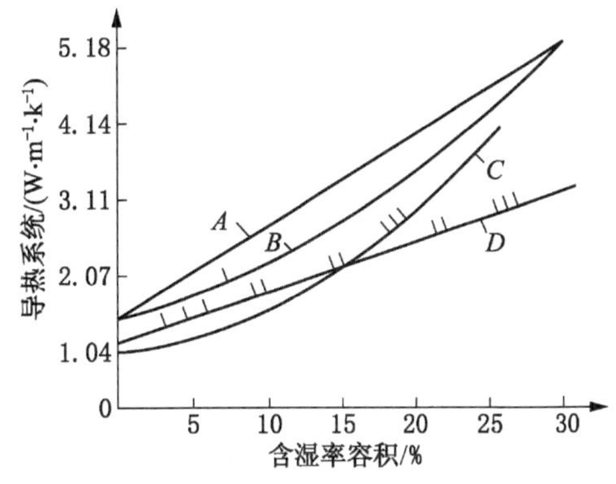


图7-16　含湿率与导热系数的关系图

硬质聚氨酯泡沫塑料，虽然在一般条件下吸水率低，但由于它是疏松分子结构，水蒸气可以透过。当蒸气达到饱和状态时，导热系数就变得很大，甚至接近水的导热系数（0.58 W/m·K），比原值大15~30倍。因此，保冷效果显著降低。由此可知，即便是最好的保冷材料，其外层也要覆盖防潮层，以保持保冷材料的优良性能。

4. 保冷管道结构及作用

为了保证井下输冷管道经久耐用，需要采取一系列的措施。

矿用输冷管道的隔热结构，由里向外分别为防锈层、隔热层、防潮层、保护层、防腐层，共5层。

1）防锈层

凡需要隔热的管道，需仔细清除管道外表面的泥沙、铁锈、油脂及其他污物后涂上一层防锈层，以保护钢管表面不被腐蚀。

以前常用红丹防锈漆作防锈层，现在已被其他性能更好的漆所代替。如硼钡酚醛防锈漆、铝粉硼钡酚醛防锈漆、铁红醇酸底漆等。

2）隔热层

隔热层在制冷工程中称为“保冷层”，这一层是由导热系数很小的材料组成，其作用是减少冷量损失。

在防锈层施工完毕，经检验合格后才能开始隔热层施工。

在隔热层施工之前，应按设计的要求，首先检查材料的规格、性能，再从包装及外观上检查材料在贮存、运输过程中是否受潮和受到机械损伤。当全部符合要求时，才能施工。不合格的材料，不能作为隔热层。

3）防潮层

因隔热层的内表紧贴冷水管的表面，其内部温度降低使保冷层中的空气体积变小，为了防止保冷层因内外压差导致周围空气中的水蒸气进入遇冷结露，降低保冷效果，必须设置防潮层。

国内常用作防潮层的材料有两种：一种是以沥青为主的防潮层材料；另一种是以聚乙烯薄膜作防潮材料。而双层隔热管道的外管具有防潮、保护的双重作用，是一种技术上可行、经济上合理的最佳防潮层。

4）保护层

保护层主要作用是保护防潮层和隔热层不受机械人为的损伤。在隔热工程中常用的保护层材料有：金属薄板加工成保护壳，玻璃丝布外刷油漆等。

5）防腐蚀层

由于保护层处于保冷结构的最外层易被腐蚀破坏，所以应涂刷一层防腐材料。常用的防腐材料是油漆制品，可根据保护层的材料和要求选择使用。例如，黑薄钢板用油漆、镀锌薄钢板用醇酸磁漆等。

## 第六节　制冷剂和载冷剂

### 一、制冷剂

在制冷循环中，利用液体汽化过程来吸收被冷却物体中的热量，而后在外功的作用下，又将热量传送给周围介质（一般是水或空气）的工作物质称为制冷剂。选择合适的制冷剂对制冷装置是极为重要的。在矿井降温装置中，首先要保证安全、无毒、无燃烧和爆炸的危险，并能使装置结构紧凑。因此，可用在井下降温装置中的制冷剂实际上只有几种氟利昂。

氟利昂是饱和碳氢化合物的氟、氯、溴衍生物的总称。它的分子通式为 $C_mH_nF_pCl_qBr_r$，其中 $2m+2=n+p+q+r$。由于氟利昂种类非常多，为了避免书写氟利昂分子式的麻烦，制定了一套简化符号来表示各种氟利昂，规定以 R 为符号之首，后面数字依次（$m-1$），（$n+1$），$p$；若含溴原子时，则在数字后面再增加字母“$B$”，并附以表示溴原子数的数字 $r$，又由于甲烷衍生物因 $m-1$ 为 0，而“0”又是数字的第一位，故省略。见表 7－12。

表 7－12　几种氟利昂名称与简写

| 化合物名称 | 分子式 | 代　号 |
|---|---|---|
| 一氟三氯甲烷 | $CFCl_3$ | R11（$m-1=0$，$n+1=1$，$p=1$） |
| 二氟二氯甲烷 | $CF_2Cl_2$ | R12（$m-1=0$，$n+1=1$，$p=2$） |
| 二氟一氯甲烷 | $CHF_2Cl$ | R22（$m-1=0$，$n+1=2$，$p=2$） |
| 一氟二氯甲烷 | $CHFCl_2$ | R21（$m-1=0$，$n+1=2$，$p=1$） |
| 三氟三氯乙烷 | $C_2F_3Cl_3$ | R113（$m-1=1$，$n+1=1$，$p=3$） |

目前，可用作制冷剂的物质有几十种，但在普通制冷范围（5～120 ℃）所用的制冷剂只有十几种，而在一般空调制冷系统中所用的制冷剂除氟利昂外还有以下几种：

（1）无机化合物。水（$H_2O$）和氨（$NH_3$）是使用最早的两种无机化合物制冷剂。目前，氨主要用在大中型冷库及制冰系统中，而水仅用于溴化锂吸收式制冷装置中。氨作为制冷剂的代号为 R717，水为 R718。

（2）碳氢化合物。这类制冷剂主要有乙烷（$C_2H_6$）、乙烯（$C_2H_4$）、丙烷（$C_3H_8$）和丙烯（$C_3H_6$）等，相应的制冷剂代号为 R170、R1150、R290 和 R1290。这类制冷剂主要用于石化工业中，空调制冷系统不采用。

（3）混合制冷剂。混合制冷剂是由两种或两种以上制冷剂，按一定比例溶解而成的一种混合物。它在制取某一区间低温时，能获得比单一化合物更优良的循环运行性能。混合制冷剂包括共沸混合制冷剂和非共沸混合制冷剂两种：①共沸混合制冷剂。与单一化合物相同，该制冷剂在一定压力下具有一个共沸点。因此，在一定压力下，液化或气化过程的温度不发生变化。常用的共沸混合制冷剂有 R502(R22/R115)、R500(R12/R152a) 等。②非共沸混合制冷剂。这类制冷剂在一定压力下没有共沸点，液化或气化过程将相应变化。使用非共沸混合物制冷剂，能减少蒸发器和冷凝器中的传热温差，提高制冷装置的运行性能。非共沸混合制冷剂主要有 R12/R13、R22/R14 等。

下面介绍一些常用制冷剂及新型制冷剂：

（1）R22。R22 综合性极佳，并具有良好的热性能，运行压力适中，单位容积制冷量仅次于氨，等熵数低于氨。因此，在相同压力比下，R22 排气温度较氨低，而且具有无毒、无燃烧及无爆炸危险等优点。R22 的出现及其价格的逐渐降低，使它在空调制冷系统中得到了广泛应用。另外，所有氟利昂对铜及电动机的耐氟绝缘漆均不起作用，因此，使结构紧凑的各类封闭式压缩机得以使用。目前，在各类家用空调机组及冷（热）水机组中，多数选用 R22 制冷剂。

（2）R12。R12 是氟利昂族制冷剂中最早得到广泛应用的一种传统制冷剂。特别是它的冷凝压力较低，等熵指数较小，因此在相同的高、低温介质温度条件下，它的排气温度和压力较氨和 R22 低，在空调、小型冷库、冷柜、电冰箱制冷系统中，一直被长期使用。但 R12 的单位容积制冷量较小，远低于氨和 R22，因此在空调制冷系统中，逐渐被 R22 所替代。目前，R12 主要应用在中、小型低温制冷系统及车辆空调制冷系统中。

（3）R11。R11 的分子量较大，单位容积制冷量较小，常温下的饱和压力较低，因此适用于离心压缩机的制冷系统中。对空调用离心压缩机制冷系统、单级离心压缩机就能达到其运行的压力比。

（4）R502。R502 是由质量分数为 48.8% 的 R22 和质量分数为 51.2% 的 R115 组合而成的共沸混合制冷剂。根据其热力性能，特别适用于蒸发温度为 $-25 \sim -45$ ℃的低温区间，其运行性能优于 R12 和 R22。

（5）新型制冷剂。对照国际禁用和受控物质名单，与空调和制冷关系最密切的是 $CFC_{11}$、$CFC_{12}$ 和 $HCFC_{22}$ 等 3 种制冷剂。为寻求这类使用面广、量大的制冷剂替代物，对制冷和热物理技术曾进行了大量的研究工作，提出和试验过许多替代工质。例如，$HFC_{134a}$ 制冷剂，它与 $CFC_{12}$ 的热性能相近，但对臭氧无破坏，温室效应也远小于 $CFC_{12}$，是目前替代 $CFC_{12}$ 最理想的工质，而且已被广泛使用；$HCFC_{123}$ 制冷剂，早期曾在离心压缩式制冷系统中替代 $CFC_{11}$ 使用过，但该制冷剂具有一定毒性，而且属于 HCFC 制冷剂，因此，目前已不再推荐使用。

在小型低温制冷系统中，也有选用与 R502 热力性能相近但对臭氧层无破坏作用的 R404a 和 R507 替代 R12 和 R502 的机组，而且已进入实际应用阶段。欧洲各国现基本采用 R404a 和 R507。

寻求综合性能良好的制冷剂，将是一项长期的研究工作，也是促使制冷技术不断提高和发展的重要因素。目前，人们不但在人工合成的化合物领域内寻求新型制冷剂，同时对天然工质（如氨、二氧化碳等）及使用这些工质的设备重新进行评价和改进，希望利用现代科学技术，使这些天然工质在新的条件下重新得到使用。

## 二、载冷剂

载冷剂是制冷系统中借以传递热量的中间媒介，借助它在制冷系统中的循环，来吸收周围介质的热量，冷量通过载冷剂的循环流动传送给被冷却对象，产生冷效应。

1. 载冷剂应具有的主要性能

（1）在传递冷量过程中，不应凝固或气化。

（2）比热容大。在传递一定冷量时，比热容大的载冷剂流量就小，减少了循环泵的功率。

（3）密度小，黏性也小，载冷剂在循环流动过程中的阻力就小，泵的功率也小。

（4）热导率高，可减少热交换器的传热面积。

（5）稳定性好，与大气接触不分解，不改变其物理化学性能。

（6）不腐蚀设备及其管路和附件。

（7）价格较低。

2. 常用载冷剂的种类及其性能

（1）水。水凝固点为 0 ℃，沸点为 100 ℃。它的比热容大、密度小、化学性能稳定，而且价格极低。在一般的空调制冷系统中，水是一种理想的载冷剂。目前中央空调大量使用的冷水机组，就是用水作为载冷剂，在制冷剂和空气之间传递冷量。水的缺点是凝固点高，因此，作为载冷剂受到很大的限制。

（2）盐水。当工作温度低于 0 ℃时，通常采用盐水作为裁冷剂，比如冰块的制作、低温工艺的冷却等。常用的盐水载冷剂有氯化钠和氯化钙两种溶液。氯化钠溶液的共晶点温度为 -21.2 ℃，质量分数为 23.1%。氯化钙溶液的共晶点温度为 -55.0 ℃，质量分数为 29.9%。为了保证盐水溶液在流动过程中不产生析冰现象，配制盐水含量的凝固点，应比制冷剂的蒸发温度低 5～8 ℃。根据这一要求，氯化钠溶液只能用在蒸发温度高于 -15 ℃ 的制冷系统中，而氯化钙溶液可用在不低于 -48 ℃的制冷系统中。

寻求综合性能良好的载冷剂，既是一项长期的研究工作，也是促使制冷技术不断提高和发展的重要因素。目前，人们除了利用化学合成方法寻求新型载冷剂外，还可以转换一下角度，研究开发部分试剂，比如可以降低水的凝固点的试剂，增大载冷剂比热容的试剂等，以改善目前所使用载冷剂的性能参数，提高制冷降温效果。

## 思 考 题

1. 现代化矿井空调系统主要由哪几部分组成？
2. 地面集中式空调系统与井下集中式空调系统各自的优缺点有哪些？
3. 制冷循环的基本原理是什么？制冷的方法有哪些？
4. 机械压缩式制冷装置的工作原理是什么？
5. 空气冷却器有哪些基本类型？
6. 高压水减压的方法有哪些？
7. 冷凝器的主要冷却方式有哪些？
8. 对矿井供冷管道保冷的材料有哪些要求？
9. 制冷剂和载冷剂的概念是什么及其常用的种类有哪些？

# 第八章　矿井制冷降温系统设计计算

## 第一节　矿井制冷降温系统热计算

### 一、矿井机械制冷降温系统设计依据及步骤

1. 矿井降温系统设计依据

矿井降温系统设计的主要依据是行业法规（如《煤矿安全规程》等）和上级主管部门的书面批示。此外还必须收集下列资料或数据：

（1）矿区气候条件，如地表大气的月平均温度、月平均相对湿度和大气压力等。

（2）矿井各生产水平的地温资料和地温等值线图。

（3）矿井设计生产能力、服务年限、开拓方式、采区布置和年度计划等。

（4）采掘工程平（剖）面图、通风系统图和通风网络图。

（5）矿井通风系统阻力测定与分析数据，如井巷通风阻力、风阻、风量等。

（6）井巷穿过岩层的岩石热物理性质，如导热系数、导温系数、比热和密度等。

（7）矿井涌水水温和水量。

（8）矿井的精查地质报告。

2. 设计的主要内容与步骤

矿井降温系统设计是一项非常复杂的工作，其主要设计内容和步骤如下：

（1）矿井热源调查与分析，查明矿井高温的主要原因及热害程度，并对矿井空调系统设计的必要性做出评价。

（2）根据实测或预测的风温，确定采掘工作面的合理配风量，并计算出采掘工作面的需冷量，做到风量与冷量的最优匹配，建立通风降温与制冷降温合理搭配的数学模型，以减少矿井空调系统的负荷。

（3）根据采掘工作面的需冷量，机电硐室的需冷量，已采取的一般矿井降温措施及生产的发展情况，确定全矿井所需的制冷量，并报请有关部门核准。

（4）根据矿井具体条件，拟定矿井空调系统方案，包括制冷站位置、供冷排热方式、管道布置、风流冷却地点的选择等，并进行技术经济比较，确定最佳方案。

（5）根据拟定的矿井空调系统方案，进行供冷、排热设计，并进行设备选型。

（6）进行制冷机站（硐室）的土建设计，选取合理的布置方式。

（7）进行制冷机站（硐室）内自动监控与安全防护设施设计，制定设备运行、维护的管理机制。

（8）概算矿井空调的吨煤成本和其他经济性指标。

矿井制冷降温系统设计内容非常广泛，它涉及采矿、通风、空调、制冷、土建等相关学科。设计中既要注意采用先进的技术和设备，又不能忽视实际经验，更要适合当前我国

的技术经济条件和可能的发展趋势，只有这样才能做好一个完整的矿井空调系统设计。

3. 矿井制冷降温系统热计算步骤

矿井制冷降温系统热计算的任务是确定设备的主要技术特征，以保证工作面及井下其他巷道保持允许的空气参数，其计算步骤如下：

（1）从地面一直到空气冷却器安装地点，依次进行巷道热计算，确定空气冷却器的入风参数。

（2）从回采工作面出口到空气冷却器安装地点，依次进行逆向热计算，以确定要求人工冷却达到的风流参数。

（3）计算冷却风流的空气冷却器所必需的冷量，计算通过空气冷却器所必需的水流和风流参数（即水量、水温与风量及其参数）。

（4）计算通过蒸发器的冷水（或冷风）温度。当确定被要求冷却的水温和回到蒸发器的水温时，应该考虑水在循环管路中的冷损。

（5）蒸发器热计算。根据要求冷却的水温和蒸发器的热交换计算的结果，确定制冷剂的蒸发温度。

（6）冷凝器及冷却水热计算。确定冷凝器冷却水温度。

（7）当用循环水冷却冷凝器时，水冷却器的入风温度可根据从工作面到回风巷道安装水冷却器的地点依次进行巷道热计算来确定。

（8）水冷却器计算。确定进入水冷却器的冷却水回水温度和进入冷凝器的冷却水温。

（9）根据冷却水的温度（考虑循环管路中的冷却）和冷凝器中的热交换计算，确定制冷剂的冷凝温度。

（10）制冷设备的选择计算。

## 二、空冷设备计算

根据第五章第三节矿井风流的逆向热力计算的结果，空冷设备（空冷器）布设在采面进口，此时空冷器的入风参数：$t_1=27.2$ ℃，$\varphi_1=0.90$，$p=111.99$ kPa，并以此在焓湿图上查出焓值为 $i_1=75.36$ kJ/kg；由逆向热力计算可知：$t_2=19.8$ ℃，并以此在焓湿图上查出 $i_2=51.08$ kJ/kg。焓值 $i$ 值亦可按下式计算：

$$i=b_0+b_1t+b_2t^2 \tag{8-1}$$

式中，$b_0$，$b_1$ 和 $b_2$ 可由表 8－1 查出。

表 8－1 常系数 $b$ 值表

| 气温/℃ | 5～15 | 14～35 | 30～45 | 40～50 |
|---|---|---|---|---|
| $b_0$ | $1003.52\varepsilon$ | $2516.323\varepsilon$ | $11910.45\varepsilon$ | $25138.65\varepsilon$ |
| $b_1$ | $1.005+53.968\varepsilon$ | $1.005-117.66\varepsilon$ | $1.005-704.496\varepsilon$ | $1.005-1332.957\varepsilon$ |
| $b_2$ | $4.004\varepsilon$ | $8.7808\varepsilon$ | $17.891\varepsilon$ | $25.3414\varepsilon$ |

表中 $\varepsilon=\varphi/p$，$\varphi$ 为相对湿度，$p$ 为大气压力。

由式（8－1）可以变换为

$$t=\sqrt{\frac{1}{4}\left(\frac{b_1}{b_2}\right)^2+\frac{i-b_0}{b_2}}-\frac{b_1}{2b_2} \tag{8-2}$$

接触式空气冷却器降焓最大可能的效率系数为

$$\varepsilon_0=\frac{i_1-i_2}{i_1-i_B}=K_T v_B^{-0.5}\mu_p^{0.9} \tag{8-3}$$

式中 $\varepsilon_0$——表征降焓最大可能（降到 $i_B$）的效率系数；

$i_1$，$i_2$——空气冷却器的初焓和终焓，kJ/kg；

$i_B$——空气冷却器的进水温度和相对湿度为100%时空气的焓值，kJ/kg；

$v_B$——空气冷却器内的风速，m/s；

$\mu_p$——喷射强度，kg(水)/kg(空气)；

$K_T$——喷淋室的结构特性系数，由表8-2查出。

表8-2 特性系数 $K$ 值

| 喷淋室特征 | 喷嘴安装密度 $\rho$/(个·$m^{-2}$) | 喷嘴口径 $D$/mm | | |
|---|---|---|---|---|
| | | 2 | 4 | 6 |
| 一排 | 6.7 | — | 0.770 | 0.550 |
| | 13.3 | — | 0.610 | 0.390 |
| | 20.0 | — | — | 0.320 |
| 二排 | 6.7 | — | 0.556 | — |
| | 13.3 | 0.970 | 0.460 | 0.300 |
| | 20.0 | 0.820 | — | — |
| 三排 | 6.7 | 0.975 | 0.475 | 0.325 |
| | 13.3 | 0.720 | 0.330 | 0.267 |
| | 20.0 | 0.570 | 0.375 | 0.255 |

【例题8-1】空气冷却器 $D=5$ mm，$\rho=20$ 个/$m^2$，喷淋室为3个喷淋面，空气冷却器中的风速 $v_B=2.5$ m/s，喷水系数 $\mu_p=3$ kg(水)/kg(空气)。计算空气冷却器喷淋室水的初始温度、终温，喷淋室的断面积和空气冷却器的最大产冷量。

**解** 按表8-2选用 $K=0.315$，由式（8-3）计算得 $\varepsilon_0=0.5355$。

变换式（8-3）得

$$i_B=i_1-\frac{i_1-i_2}{\varepsilon_0}=75.36-\frac{75.36-51.08}{0.5355}=30\ \text{kJ/kg}$$

查表8-1（5~15℃）得：$b_0=8.96$，$b_1=1.487$，$b_2=0.0358$（$\varepsilon=1/111.99$）；则喷淋室水的终温为

$$t_{w2}=\sqrt{\frac{1}{4}\times\left(\frac{1.487}{0.0358}\right)^2+\frac{30-8.96}{0.0358}}-\frac{1.487}{2\times0.0358}=11.15\ ℃$$

当 $\mu_p=3$ kg/kg 时，冷水的初始温度为

$$t_{w1}=t_{w2}-\frac{i_1-i_2}{c_w\mu_p}=11.15-\frac{75.36-51.08}{4.1868\times3}=9.22\ ℃$$

通过喷淋室的风量为12.7 kg/s，则水量为

$$G_w = 12.7 \times 3 = 38.1 \text{ kg/s} = 137160 \text{ kg/h}$$

喷淋室的断面积为

$$S = \frac{M_B}{v_B \rho_B} = \frac{12.7}{2.5 \times 1.16} = 4.4 \text{ m}^2 \quad (\rho_B \text{为风流密度,kg/m}^3)$$

喷淋室为3个喷淋面，喷嘴的安装密度为20个/$m^2$，总的喷嘴数为263个，每个喷嘴的喷水量为522 kg/h，喷射压力为230 kPa，空气冷却器的最大产冷量为

$$Q_{BO} = M_B \times (i_1 - i_B) = 12.7 \times (75.36 - 30) = 576 \text{ kW}$$

## 三、蒸发器、水冷却器及冷凝器计算

1. 蒸发器计算

蒸发器的制冷量为

$$Q_0 = S_0 K_0 \frac{(t_{BO1} - t_0) - (t_{BO2} - t_0)}{2.3\lg \dfrac{t_{BO1} - t_0}{t_{BO2} - t_0}} \tag{8-4}$$

蒸发器的出、进水温度为

$$t_{BO1} = t_{w1} - \frac{K_{X1} S_x \Delta t_1}{G_w c_w} \qquad t_{BO2} = t_{w2} + \frac{K_{X2} S_x \Delta t_2}{G_w c_w} \tag{8-5}$$

式中 $Q_0$——蒸发器的制冷量，kW；

$t_0$——制冷剂的蒸发温度,℃；

$t_{BO1}$，$t_{BO2}$——蒸发器的出、进水温度,℃；

$t_{w1}$，$t_{w2}$——空气冷却器的进、出水温度,℃；

$K_0$，$S_0$，$S_x$——蒸发器的传热系数，kW/($m^2$·℃)；传热面积，$m^2$；管道的单程散热面积，$m^2$；

$G_w$，$c_w$——冷水流量（kg/s）和比热容，kJ/(kg·℃)；

$K_{X1}$，$K_{X2}$——进水管和回水管的传热系数，kW/($m^2$·℃)。

【例题8-2】蒸发器冷水流量 $G_w = 38.1$ kg/s；比热容 $c_w = 4.1868$ kJ/(kg·℃)；$K_{X1} = 20.2$ W/($m^2$·℃)；$K_{X2} = 20.8$ W/($m^2$·℃)。计算蒸发器的进、出水温度和传热面积。

**解** 根据前面的计算 $\Delta t_1 = 17.6$ ℃；$\Delta t_2 = 15.1$ ℃；$t_{w1} = 9.22$ ℃；$t_{w2} = 11.15$ ℃。

则根据式（8-5），蒸发器的出水温度为

$$t_{BO1} = 9.22 - \frac{20.2 \times 141 \times 17.6}{38.1 \times 4.1868 \times 10^3} = 8.9 \text{ ℃}$$

蒸发器的进水温度为

$$t_{BO2} = 11.15 - \frac{20.8 \times 141 \times 15.1}{38.1 \times 4.1868 \times 10^3} = 11.4 \text{ ℃}$$

蒸发温度 $t_0 = 1$ ℃，则蒸发器的对数平均温差为

$$\Delta t_m = \frac{(t_{BO2} - t_0) - (t_{BO1} - t_0)}{2.3\lg \dfrac{t_{BO2} - t_0}{t_{BO1} - t_0}} = \frac{(11.4 - 1) - (8.9 - 1)}{2.3\lg \dfrac{1.4 - 1}{8.9 - 1}} = 9.1 \text{ ℃}$$

对于壳管式氟利昂蒸发器，其传热系数 $K_0=581.5\ \mathrm{W/(m^2\cdot ℃)}$，则蒸发器的传热面积为

$$S_0=\frac{Q_0}{K_0\Delta t_m}=\frac{403\times10^3}{581.5\times9.1}=76\ \mathrm{m^2}$$

蒸发器的传热系数 $K_0$ 和热流密度 $q_0$ 见表 8－3。

表 8－3　蒸发器的传热系数 $K_0$ 和热流密度 $q_0$

| 蒸发器形式 | 载冷剂 | 传热系数 $K_0$/ [W·(m²·K)⁻¹] | 热流密度/ (W·m⁻²) | 相 应 条 件 |
|---|---|---|---|---|
| 卧式壳管（满液式）（R22） | 盐水<br>水 | 500～700<br>800～1400 | —<br>— | 传热温差 $\Delta t_m=4\sim6$ ℃，光铜管 |
| 干式（R22） | 盐水<br>水 | 800～1000<br>1000～1800 | 5000～7000<br>7000～12000 | $\Delta t_m=5\sim7$ ℃<br>$\Delta t_m=4\sim8$ ℃ |
| 板式（R22，R134a） | 水<br>盐水 | 2300～2500<br>2000～2300 | —<br>— | |
| 翅片式 | 空气 | 30～40 | 450～500 | $\Delta t_m=8\sim12$ ℃ |

2. 水冷却器及冷凝器计算

【例题 8－3】冷凝温度 $t_k=50$ ℃，冷凝器的出水温度 $t_{k2}=48$ ℃；通过水冷却器的风流的初始参数：$t_{B1}=28$ ℃，$\varphi_1=0.90$，$p=106.658$ kPa；进入水冷却器的水温 $t_{w1}=47$ ℃（从冷凝器到水冷却器管道降温 1 ℃），冷凝器的排热量为 $Q_K=511.72$ kW，冷凝器的进、出水温差为 $\Delta t_w=9$ ℃。计算水冷却器的喷射面积、每个喷嘴的喷水量及冷凝器的传热面积。

**解**　　水流量 $G_w=\dfrac{Q_K}{c_w\Delta t_w}=\dfrac{511.72}{4.1868\times9}=13.58\ \mathrm{kg/s}=48888\ \mathrm{kg/h}$

冷凝器的进水温度：$t_{k1}=48-9=39$ ℃，由于冷却水由水冷却器到冷凝器管道降温，则水冷却器的出水温度 $t_{w2}=38.5$ ℃，则水冷却器的水温差 $\Delta t_w=47-38.5=8.5$ ℃。

当 $t_{w1}=47$ ℃，$\varphi=100\%$ 时，查出 $p_{b1}=10587$ Pa。当冷却器进风温度 $t_{B2}=28$ ℃，$\varphi_1=0.90$ 时，水蒸气的分压力 $p_{w1}=3394$ Pa，风速为 2 m/s，在喷嘴水平布置，1～3 均匀逆喷时，水冷却器的水温差为

$$\Delta t_w=0.02C\Delta\rho^{0.8}v_B^{0.4}\mu_p^{-0.3} \tag{8-6}$$

式中，$C$ 为水冷却器的结构特性系数，其值与喷嘴口径的关系见表 8－4。

表 8－4　水冷却器的结构特性系数 $C$ 与喷嘴口径 $D$

| 喷嘴口径 $D$/mm | 2 | 4 | 6 |
|---|---|---|---|
| $C$ 值 | 0.470 | 0.380 | 0.300 |

$\Delta p = 10587 - 3394 = 7193$（Pa）；$D = 6$ mm，3 排逆喷，$C = 0.3$；$\Delta t_w = 8.5$ ℃，则：

$$\mu_p^{0.3} = \frac{0.02 \times 0.3 \times 7193^{0.8} \times 2^{0.4}}{8.5} = 1.13 \quad [\mu_p = 1.5 \text{ kg(水)/kg(空气)(喷射强度)}]$$

当 $t_{B1} = 28$ ℃，$\varphi_1 = 0.90$，$p = 106.658$ kPa 时，由表 8－1 查出：$b_0 = 21.23$；$b_1 = 0.012$；$b_2 = 0.0741$。

由此可计算出：

$$i_1 = b_0 + b_1 t_{B1} + b_2 t_{B1}^2 = 21.23 + 0.012 \times 28 + 0.0741 \times 28^2 = 79.7 \text{ kJ/kg}$$

风流的终焓为

$$i_2 = i_1 + \mu_p c_w \Delta t_w = 79.7 + 1.5 \times 4.1868 \times 8.5 = 133.1 \text{ kJ/kg}$$

当 $i_2 = 133.1$，$\varphi_2 = 100\%$ 时，风流通过水冷却器的终温：$b_0 = 111.67$，$b_1 = -5.60$，$b_2 = 0.168$，$t_2 = \sqrt{\frac{1}{4}\left(\frac{b_1}{b_2}\right)^2 + \frac{i_2 - b_0}{b_2}} - \frac{b_1}{2 \times b_2} = \sqrt{\frac{1}{4} \times \left(\frac{-5.60}{0.168}\right)^2 + \frac{133.1 - 111.67}{0.168}} - \frac{-5.60}{2 \times 0.168} = 36.8$ ℃。

通过水冷却器的风量为

$$M_B = \frac{G_w}{\mu_p} = \frac{13.58}{1.5} = 9.05 \text{ kg/s}$$

喷射面积为

$$S = \frac{M_B}{v_B \rho_B} = \frac{9.05}{2 \times 1.16} = 3.90 \text{ m}^2$$

喷淋室为 3 排逆喷，喷嘴安装密度 $\rho = 6.7$ 个/m²，则喷嘴总数为

$$n_p = 3 \times 6.7 \times 3.90 = 79 \text{ 个}$$

每个喷嘴的喷水量为

$$q = \frac{G_w}{n_p} = \frac{13.58 \times 3600}{79} = 619 \text{ kg/h}$$

喷射压力为 220 kPa。

冷凝器的进、出水温 $t_{k1} = 39$ ℃，$t_{k2} = 48$ ℃，则冷凝器的对数平均温差为

$$\Delta t_m = \frac{(t_k - t_{k1}) - (t_k - t_{k2})}{2.3\lg\frac{t_k - t_{k1}}{t_k - t_{k2}}} = \frac{(50 - 39) - (50 - 48)}{2.3\lg\frac{50 - 39}{50 - 48}} = 5.3 \text{ ℃}$$

由表 8－5 选用冷凝器的传热系数 $K_k = 800$ W/(m²·℃)，则冷凝器的传热面积为

$$S_k = \frac{Q_K}{K_k \Delta t_m} = \frac{511720}{800 \times 5.3} = 121 \text{ m}^2$$

式中 $Q_K$——冷凝器的排热量。

表 8－5 冷凝器的传热系数 $K_k$ 和热流密度 $q$

| 形 式 | 传热系数 $K_k$/[W·(m²·℃)⁻¹] | 热流密度 $q$/(W·m⁻²) | 相 应 条 件 |
|---|---|---|---|
| 卧式冷凝器 | 800～1200（R22，R134a） | 5000～8000 | 冷却水温差为 4～6 ℃；低肋铜管 |

表8-5（续）

| 形式 | | 传热系数 $K_k$/[W·(m²·℃)⁻¹] | 热流密度 q/(W·m⁻²) | 相应条件 |
|---|---|---|---|---|
| 套管式冷凝器 | | 800~1200（R22，R134a） | 7500~10000 | 传热温差为8~12℃；低肋铜管 |
| 板式冷凝器 | | 2300~2500（R22，R134a） | | 钎焊板式；板式为不锈钢 |
| 空气冷却 | 自然对流 | 6~8 | 45~85 | |
| | 强制对流 | 30~40 | 250~300 | 迎风面风速为2.5~3.5 m/s；传热温差为8~12℃；铝平翅片套铜管；$t_k$ 与进风温差≥15℃ |
| 蒸发式冷凝器（R22） | | 500~700 | 1600~2200 | 光钢管 |

## 四、矿井需冷量计算及制冷设备选择

1. 矿井需冷量计算

1）矿井需冷量的组成

矿井需冷量按式（8-7）计算：

$$Q_X = Q_c + Q_j + Q_d + Q_s \tag{8-7}$$

式中 $Q_X$——矿井制冷降温所需要的冷量，kW；

$Q_c$——实施降温采煤工作面的总需冷量，kW；

$Q_j$——实施降温的掘进工作面的总需冷量，kW；

$Q_d$——实施降温的机电硐室的总需冷量，kW；

$Q_s$——矿井制冷降温系统的总冷量损失，kW。

2）采煤工作面需冷量

采煤工作面需冷量计算方法如下：

（1）取工作面出口的风流温度28℃为标准值；

（2）以28℃为初始参数进行逆向热力计算，计算出风流冷却站混合风流的参数，即温度（$t_c$），含湿量（$d_c$）和焓值（$i_c$）；

（3）计算空气冷却器出口的风流参数：$t_x$，$d_x$，$i_x$；

（4）根据正向热力计算的结果，计算出空气冷却器的入风参数：$t_1$，$d_1$，$i_1$；

（5）采煤工作面空气冷却器的产冷量可按式（8-8）计算：

$$Q_c = M_{BO}(i_1 - i_x) \tag{8-8}$$

式中 $M_{BO}$——通过空气冷却器的风量，kg/s。

3）掘进工作面需冷量

掘进工作面需冷量计算方法如下：

（1）取工作面迎头的风流温度28℃为标准值；

（2）以28℃为初始参数进行逆向热力计算，计算出空气冷却器后的风流参数：温度（$t_2$），含湿量（$d_2$），焓值（$i_2$）；

(3) 根据正向热力计算的结果，计算出空气冷却器的入风参数：$t_1$，$x_1$，$i_1$；

(4) 掘进工作面需冷量可按式（8－9）计算：

$$Q_j = M_{BO}(i_1 - i_2) \tag{8-9}$$

4) 机电设备硐室需冷量

机电设备硐室需冷量计算方法如下：

(1) 取硐室出口风流温度30℃为标准值；

(2) 以30℃为初始条件进行逆向热力计算，计算出硐室入风参数：温度（$t_2$），含湿量（$d_2$），焓值（$i_2$）；

(3) 计算空气冷却器入风参数：$t_1$，$x_1$，$i_1$；

(4) 机电设备硐室需冷量可按式（8－10）计算：

$$Q_d = M_{BO}(i_1 - i_2) \tag{8-10}$$

5) 矿井制冷降温系统冷量损失的要求

矿井制冷降温系统的冷量损失，主要包括冷水管道、冷水泵、蒸发器和冷水池的散损失，以及水与管壁的摩擦损失。根据国内外大型矿井制冷降温系统的运行经验显示，实际的冷量损失均大于设计损失量，系统设计冷量损失 $Q_s$ 应低于20%。

6) 矿井有效冷量和制冷设备配冷量

矿井有效冷量和制冷设备配冷量如下：

(1) 矿井有效冷量等于用于冷却采掘工作面及机电设备硐室风流温度的所有空冷器产冷量之和；

(2) 制冷设备配冷量按式（8－11）计算：

$$Q_0 = 1.2Q_X \tag{8-11}$$

2. 需冷量计算及制冷设备选择实例

管道的传热系数（忽略金属管壁和载冷剂热阻）计算式为

$$K_X = \alpha + \beta_{sz}\frac{\varphi p_{bB} - p_{bCT}}{t_B - t_{CT}} \tag{8-12}$$

式中 $\alpha$——风流向管壁的放热系数，W/(m$^2$·K)；

$\beta_{sz}$——散质系数，对于冷水管道，$\beta_{sz}=0.0218\alpha$，W/(m$^2$·Pa)；

$\varphi$——巷道中平均相对湿度；

$t_B$，$t_{CT}$，$t_X$——平均风流温度，管壁温度和载冷剂温度，℃，对于未隔热管道 $t_{CT}=t_X$；

$p_{bB}$，$p_{bCT}$——风流温度为 $T_B$ 和管壁温度为 $t_{CT}$ 时的饱和蒸汽压力，Pa。

【例题8－4】制冷站设在运输平巷始端，距空气冷却器300 m，供水管径DN150 mm，$\alpha=5.82$ W/(m$^2$·K)，$\beta_{sz}=0.0218\times5.82=0.1269$ W/(m$^2$·Pa)；巷道中的平均风流温度为26.6℃ [1/2×(26+27.2)]，其饱和蒸汽压力为3475 Pa；平均相对湿度为0.905；进水管道的平均水温为9℃，回水管道的平均水温为11.5℃，则进水管 $p_{bCT1}=1148$ Pa；回水管道 $p_{bCT2}=1357$ Pa。计算管道冷量损失。

**解** 管道的单程散热面积 $S=3.1416\times0.150\times300=141$ m$^2$

供水管的传热系数 $K_{X1}=5.82+0.1269\times\dfrac{0.905\times3475-1148}{26.6-9}=20.2$ W/(m$^2$·K)

回水管的传热系数 $K_{X2}=5.82+0.1269\times\dfrac{0.905\times3475-1357}{26.6-11.5}=20.8$ W/(m$^2$·K)

水与风流间的平均温差为

供水管：$\Delta t_1 = 0.5 \times [(27.2 - 9) + (26 - 9)] = 17.6$ ℃

回水管：$\Delta t_2 = 0.5 \times [(27.2 - 11.5) + (26 - 11.5)] = 15.1$ ℃

管道冷量损失为

$$Q_s = (20.2 \times 141 \times 17.6 + 20.8 \times 141 \times 15.1) \times 10^{-3} = 94 \text{ kW}$$

根据前面计算，矿井需冷量如下：

（1）空气冷却器产冷量（即采面实际需冷量）：

$$Q_c = M_{BO}(i_1 - i_x) = 12.7 \times (75.36 - 51.08) = 308 \text{ kW}$$

（2）制冷站需冷量：

$$Q_X = Q_c + Q_s = 308 + 94(\text{管道冷量损失}) = 402 \text{ kW}$$

（3）制冷设备配冷量：

$$Q_0 = 1.2Q_X = 1.2 \times 402 \text{ kW} = 482 \text{ kW}$$

以上是按一个采面需冷量计算的，即在蒸发温度为 1 ℃，蒸发器出水温度为 9.2 ℃的工况时，制冷量为 482 kW 选择制冷设备，如选用 LSLG16F 型冷水机组一台，该机组在出水温度为 9 ℃时，制冷量为 555.8 kW；在出水温度为 5 ℃时，制冷量为 485 kW。

对于向多个采掘工作面供冷，矿井需冷量为所有采煤工作面、掘进工作面和机电硐室总需冷量之和。当需冷量较大时需要选择多台制冷机联合工作，以保证采掘工作面对冷量的需求。

例如：某矿井需要向 3 个回采工作面和 5 个掘进面供冷，平均每个采面的供冷量为 402 kW，每个掘进面的供冷量为 90 kW，系统冷损为 330 kW。则矿井需冷量如下：

（1）采掘工作面需冷量：

$$\sum Q_{BO} = 402 \times 3 + 90 \times 5 = 1656 \text{ kW}$$

（2）制冷站需冷量：

$$Q_X = 1656 + 330(\text{系统冷损}) = 1986 \text{ kW}$$

（3）制冷设备配冷量：

$$\sum Q_0 = 1.2 \times 1986 = 2383 \text{ kW}$$

初步选用Ⅲ－JBF100×0 型冷水机组 2 台，其出水温度为 5 ℃时，制冷量为 1200 kW；出水温度为 10 ℃时，制冷量为 1232 kW。

制冷机的工作方式：蒸发器并联工作时（出水温度 5 ℃），其总制冷量为 2400 kW；串联工作时，由于两台制冷机的工况不同，第一台机组进水 16 ℃，出水 10 ℃，制冷量为 1395 kW，第二台机组出水 5 ℃，制冷量为 1200 kW，总制冷量为 2595 kW。因此，两台机组无论采用哪种工作方式，均能满足降温要求。

## 第二节 矿井供水系统计算

矿井空调水力系统设计的基本任务是：选择合理的管径，供水设备，流量控制装置以及经济有效的流体网络，以保证所必需的载冷剂和冷却水的流量分配。

## 一、矿井空调的水力系统

1. 制冷站设在地面

（1）载冷剂循环系统分为第一载冷剂循环系统（一次系统）和第二载冷剂循环系统（二次系统）。

（2）冷却水循环系统。

2. 制冷站设在井下

（1）载冷剂井下循环系统；

（2）冷却水循环系统。

当冷凝热排到地面时，分为高压冷却水系统（高压换热器或高压冷凝器到地面冷却塔）和低压冷却水循环系统（冷凝器到高压换热器）。当冷凝热排到矿内时，利用回风流或矿井水排热，并形成相应的水力系统。

3. 地面和井下同时设制冷站

（1）载冷剂循环系统。

一次系统：地面制冷站→高压换热器→高压冷凝器→地面；

二次系统：高压换热器→地下制冷机的蒸发器→空气冷却器→高压换热器。

（2）冷却水循环系统。

地面制冷站⇔冷却塔；井下制冷站的冷凝热是由一次载冷剂带到地面。

## 二、水力系统的最佳管径的确定

在大规模的矿井空调系统中，需要大量的管道（少则数千米、多则上万米）来保证载冷剂和冷却水的供给和循环。这不仅需要大量的管材和设备，而且流体的循环需要消耗大量的电能（约占整个空调系统动力消耗的40%～55%），因此，合理地选择管径是完全必要的。

确定载冷剂管道最佳管径的原则是求出折合费用的最小值，即

$$\frac{\partial \Pi}{\partial D_x}=0$$

式中　$\Pi$——折合费用，元/a；

$D_x$——管径，m。

管径可用式（8－13）计算：

$$D_x=0.0188\sqrt{\frac{M_w}{v_w}} \tag{8-13}$$

式中　$M_w$——管路内水流量，$m^3/h$；

$v_w$——经济流速，m/s。

流量由制冷设备的性能以及供冷与排热的要求确定。流速要求根据技术经济分析确定的最佳流速（经济流速）选用。根据我国矿井的实际情况，一般可选用1.5～2.5 m/s。但是，还应注意，选择网络中各条分支的管径还必须考虑到网络的水力平衡和流量分配。

## 三、热交换设备的流体压力特征

矿井空调系统的主要热交换设备有：蒸发器、冷凝器、空气冷却器、高压换热器以及

水冷器（又称再冷装置）。流体通过这些设备的压力降 $\Delta p_{m1}$ 为

$$\Delta p_{m1} = \sum \xi \frac{\rho_w v_w^2}{2} m \tag{8-14}$$

热交换器的单个元件的阻力损失为

$$\Delta p_T = R_w V_w^2 \tag{8-15}$$

式中 $\sum\xi$——载冷剂通过热交换设备的局部阻力系数；

$\rho_w$——载冷剂密度，kg/m³；

$v_w$——载冷剂流速，m/s；

$m$——热交换器中串联元件的数量；

$R_w$——由阻力和尺寸决定的参数，Pas²/m⁶，当 $\Delta p_T$ 用米水柱来表示时，$R_w$ 的单位为 s²/m⁶；

$V_w$——流量，m³/s。

在额定流量时，每台热交换器的阻力损失为一定值，在设备出厂时已标出。

## 四、简单管段的阻力损失

1. 直管段上的阻力损失

$$\Delta p_w = \lambda_L \cdot \frac{L}{D_B} \cdot \frac{\rho_w v_w^2}{2} = \frac{8\lambda_L L \rho_w}{\pi^2 D_B^5} V_w^2 = R_w V_w^2 \tag{8-16}$$

式中的摩擦阻力系数 $\lambda_L$ 按式（8－17）计算：

$$\lambda_L = \begin{cases} \dfrac{0.0179}{D_B^{0.3}}\left(1 + \dfrac{0.867}{v_w}\right)^{0.3} & (v_w < 1.2\ \mathrm{m/s}) \\ \dfrac{0.021}{D_B^{0.3}} & (v_w \geqslant 1.2\ \mathrm{m/s}) \end{cases} \tag{8-17}$$

2. 管段的局部阻力损失

$$\Delta p_m = \sum \xi \frac{\rho_w v_w^2}{2} = R_m V_w^2 \tag{8-18}$$

3. 管段总的流体阻力损失

$$\Delta p_T = \Delta p_w + \Delta p_m = (R_w + R_m) V_w^2 = R_T V_w^2 \tag{8-19}$$

在矿井空调系统中，局部阻力损失约占总阻力损失的 1%～7%，在一般情况下取直管段阻力的 10%，则管段的阻力损失方程为

$$\Delta p_T = \begin{cases} \dfrac{0.0162\rho_w}{D_B^{5.3}}\left(1 + \dfrac{0.68 D_B^2}{V_w}\right) L V_w^2 & \left(1.27\dfrac{V_w}{D_B^2} < 1.2\right) \\ \dfrac{0.0188 V_w^2 \rho_w L}{D_B^{5.3}} & \left(1.27\dfrac{V_w}{D_B^2} \geqslant 1.2\right) \end{cases} \tag{8-20}$$

式中 $R_m$，$R_T$——管段阻力的特性常数 Pa·s²/m⁶；

$V_w$——流量，m³/s；

$v_w$——流速，m/s；

$L$——管段长度，m；

$D_B$——管道内径，m；

$\rho_w$——流体密度，kg/m$^3$。

## 五、水泵扬程计算

1. 一次系统载冷剂循环水泵

以图 8－1 所示系统进行分析。

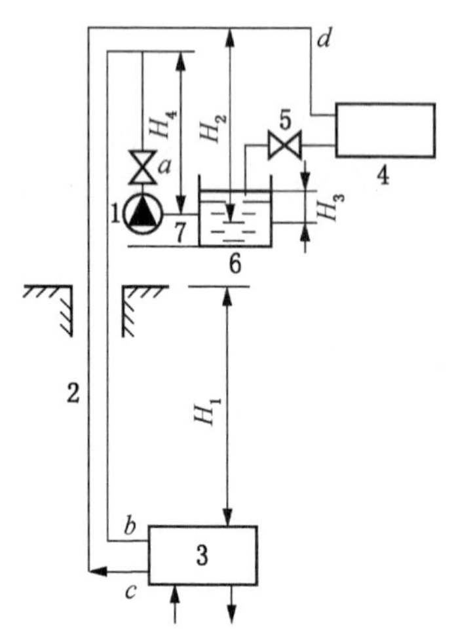


1—水泵；2—隔热管道；3—高压换热器；4—蒸发器；5—调压阀；6—水池；7—水泵的吸水管

图 8－1　第一载冷剂循环系统

$$H = 2h + h_T + h_u + h_5 + h_7 \quad (8-21)$$

式中　$H$——水泵的扬程，Pa；

$h$——单程管道阻力，Pa；

$h_T$——高压换热器阻力损失，Pa；

$h_u$——蒸发器的阻力损失，Pa；

$h_5$——调节阀门 5 的控制阻力，Pa；

$h_7$——水泵吸水管的阻力损失，Pa。

但按照式（8－21）计算的水泵扬程，还不能保证系统的稳定工作。当蒸发器入口与水泵入口的高差 $H_2$ 和蓄水池液面同水泵入口的高差 $H_3$ 相差较大时（一般为 2～3 m），蒸发器的水力工况可能不稳定，使管内造成真空，并使载冷剂在管内分布不均匀。在此情况下，管内载冷剂可能出现中断而形成蒸汽，致使在系统中产生喘振。为了避免这种现象的发生，安设阀门 5 以保证下列条件：

$$h_5 \geqslant H_2 - H_3 \quad (8-22)$$

此外，由于吸水管 7 是自流的，必须使其通过能力足以保证正常工作，即

$$h_7 \leqslant H_3 \quad (8-23)$$

式（8－22）和式（8－23）是保证系统正常工作的必要条件。

2. 冷却水循环水泵扬程计算

图 8－2 所示为制冷站设在地面的冷却水循环系统。其循环水泵的扬程为

$$H = h_k + h_3 + h_5 + h_4 + H_2 - H_3 \quad (8-24)$$

$$H_3 \geqslant h_5 \quad \text{（水泵稳定工作条件）}$$

式中　$h_k$——冷凝器阻力损失，Pa；

$h_4$——喷嘴的喷射压力，Pa；

$h_3$——水泵的排水阻力，Pa；

$h_5$——水泵的吸水管阻力，Pa。

图 8－3 所示为制冷站设在井下，冷凝热排到地面冷却塔的排热系统。其水泵所必须的扬程为

$$H = 2h_2 + h_k + h_5 + h_4 + H_2 - H_3 \quad (8-25)$$

$$H_3 \geqslant h_5 \quad \text{（稳定工作条件）}$$

基于上述，用解算供水系统网路的阻力特性和水泵（水泵组）的扬程特性的联立方

程来确定该系统的流体工况，并根据计算扬程和流量来选择水泵。

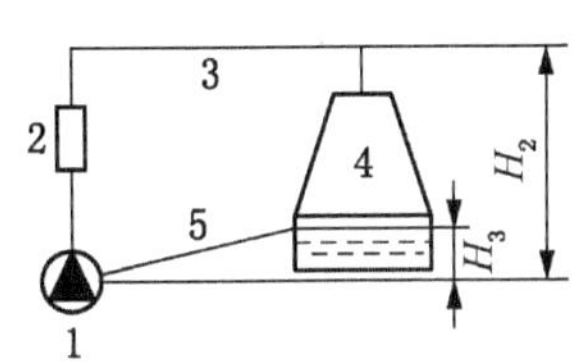


1—水泵；2—冷凝器；3—排水管；
4—冷却塔；5—水泵的吸水管

图 8-2 制冷站设在地面的冷却水循环系统

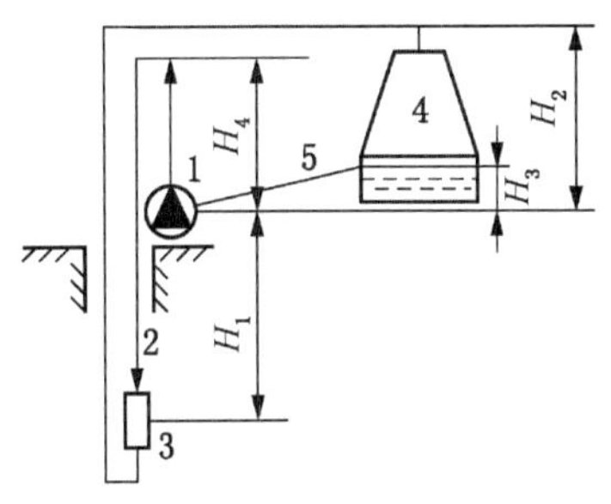


1—水泵；2—冷却水管；3—高低压换热器；
4—冷却塔；5—水泵的吸水管

图 8-3 制冷站设在井下冷凝热排到地面的冷却水循环系统

3. 载冷剂的井下循环系统压力特征

载冷剂井下循环系统的特点：

(1) 空气冷却器的工况和数量是随时间变化的；

(2) 载冷剂的输送距离长（1～5 km），管网复杂（总长度 10～50 km）；

(3) 载冷剂的流量，网络机构和管道长度是经常变化的。

在正常条件下，水中溶解 0.0238 $kg/m^3$ 的空气，当水压降低到低于大气压力时，空气将从水中分离出来。因此，载冷剂井下循环系统稳定工作的必要条件是，避免出现负的剩余压力，为此要满足下列条件：

$$0 \leqslant H_{ij} \leqslant H_p$$

式中 $H_{ij}$——对于第 $j$ 周期管道中第 $i$ 个断面上的压力，Pa；

$H_p$——网络中允许的剩余压头，Pa。

载冷剂井下循环系统的基本形式：

(1) 水泵、制冷站（或高低压换热器）和水池设在主生产水平，向主水平及下水平供冷。

(2) 水泵、制冷站设在主生产水平，水池设在最高水平，向主水平及上、下水平供冷。

(3) 制冷站设在最高水平，水泵和水池设在主水平，向主水平和下水平供冷。

以上三种基本形式，在矿井空调系统设计时，要根据矿井的具体条件选用。当补给水池设在最高水平时，载冷剂井下循环系统出现不稳定工况的概率将大为减少。

## 第三节 矿井空调的经济分析

矿井空调系统是由多种要素组成的动态系统。系统的动态（其参数随时间变化）变化取决于采矿工程的进展和因之而产生的制冷机的台数和制冷能力的变化，以及载冷剂井下循环系统的拓扑结构和区域范围的变化。在矿井空调的经济分析中必须考虑这些因素。

矿井空调工程的实施，不管是基建投资还是经营管理费用都是相当高的，而且这些费用随着矿井的加深和物价的上涨，将不断地提高。因此，如何减少矿井空调工程的基建投资和经营管理费用，是矿井空调经济分析的主要目标。

## 一、矿井空调系统经济分析的基本指标

### 1. 折合费用

折合费用是表征基建投资和管理费用的综合指标，是矿井空调经济分析的基本指标，它可以用下式表示：

$$\Pi = Z_{nf} + E_H K \tag{8-26}$$

$$Z_{nf} = C_E + C_a + K_Z C_Z + C_M + C_{\Pi P} \tag{8-27}$$

$$Kcog = K_c + K_o + K_g \tag{8-28}$$

式中 $Z_{nf}$——年管理费用，元/a；

$E_H$——标准经济效率系数，1/a；

$Kcog$——基建工程费，元；

$C_E$——空调系统所用电费，元/a；

$C_a$——空调系统提取的总折旧费，元/a；

$K_Z$——附加工资系数；

$C_Z$——服务于空调系统的工作人员工资，元/a；

$C_M$——材料费，元/a；

$C_{\Pi P}$——其他费用，包括维修费和服务费，设计时可采用总费用的6%，元/a；

$K_c$——用于空调工程的费用，包括材料、仪器仪表及测控装置等，元；

$K_o$——设备及其安装费用，元；

$K_g$——硐室及巷道工程费用，元。

空调系统的电耗取决于系统的实际工况：

$$C_E = \sigma_1 \sum_1^n N_{yi} + \sigma_2 \tau \sum_1^n N_i = (K_p \sigma_1 + \sigma_2 \tau) \sum_1^n N_i \tag{8-29}$$

式中 $\sigma_1$——每年供给用户1 kW功率的费用，元/kW；

$\sigma_2$——每1（kW·h）电能的费用，元/(kW·h)；

$\sum_1^n N_{yi}$——供给用户的总功率，kW；

$\sum_1^n N_i$——空调系统总的运转功率，kW；

$K_P$——功率备用系数，$K_P = \sum_1^n N_{yi} / \sum_1^n N_i$；

$\tau$——空调系统的年工作时间，h。

### 2. 系统工作效率

通常用载冷剂从风流中吸取的单位热量所耗电能的单位费用来表示空调系统的工作效率。

$$b_E = \frac{C_E}{\sum_1^m Q_{Boi}\tau} = \left(\sigma_1 \frac{K_P}{\tau} + \sigma_2\right)\frac{\sum_1^n N_i}{\sum_1^m Q_{Boi}} \tag{8-30}$$

式中　　$m$——系统中空气冷却器台数；

$n$——系统中电动机台数；

$\sum_1^m Q_{Boi}$——系统中空气冷却器制冷量之总和，kW。

式（8－30）括号中的各项与空调系统的工况无关。因此，在评价矿井空调系统工作效率时，确定系统中总的动力消耗和空气冷却器制冷量总和之比就可以了。

3. 系统的制冷系数

为了评价矿井空调系统的经济效果，在热力学中采用制冷系数，即在系统中得到的有效冷量与服务于系统的动力设备所消耗的功率之比。按类似的方法，把系统中空气冷却器总的制冷量与系统中所必须消耗的功率之比，称为矿井空调系统的制冷系数，即

$$\varepsilon_c = \frac{\sum_i^m Q_{Boi}}{\sum_1^n N_i} \tag{8-31}$$

也可用下式表示：

$$\varepsilon_c = \frac{\sum^{n_1} Q_{xai} - \sum^{n_2} Q_{Tj} - \sum^{n_3} N_{gHs} - \sum^{n_6} N_{BBr}}{\sum^{n_1} N_{xai} + \sum^{n_5} N_H + \sum^{n_4} N_{BBr}}$$

或

$$\varepsilon_c = \frac{\sum^{n_1} Q_{xai}}{\sum^{n_1} N_{xai}}\left\{\frac{1 - \dfrac{\sum^{n_2} Q_{Tj} + \sum^{n_3} N_{gHs} + \sum^{n_4} N_{BBr}}{\sum^{n_1} Q_{xai}}}{1 + \dfrac{\sum^{n_5} N_H + \sum^{N_4} N_{BBr}}{\sum^{n_1} N_{xai}}}\right\} = \varepsilon_{xa}\frac{1-\psi}{1+\delta} \tag{8-32}$$

式中　　$\varepsilon_c$——制冷系数；

$\sum^{n_1} Q_{xai}$——同时工作的制冷机总制冷量，kW；

$\sum^{n_n} Q_{Tj}$——冷水池和系统管道总冷损，kW；

$\sum^{n_3} N_{gHs}$——载冷剂水泵的水压能耗，kW；

$\sum^{n_6} N_{BBr}$——空气冷却器局部通风对风流的加热量，kW；

$\sum^{n_1} N_{xai}$——同时运转的压缩机总的功率消耗，kW；

$\sum^{n_5} N_H$——系统中同时运转的水泵功率消耗，kW；

$\sum^{n_4} N_{BBr}$——空气冷却器和水冷器风机的功率消耗，kW；

$n_1$——同时工作的制冷机台数；

$n_2$——系统中管段和水池数；

$n_3$——系统中工作的水泵数；

$n_4$——系统中配备风机用的电机数；

$n_6$——配备电局部通风机的空气冷却器数；

$\varepsilon_{xa}$——制冷机加权平均制冷系数：

$$\varepsilon_{xa} = \sum^{n_1} Q_{xai} / \sum^{n_1} N_{xai}$$

$\psi$——空调系统冷损比率；

$\delta$——空调系统中辅助设备功率消耗的比率。

比较详细地分析矿井空调系统经济效果时，式（8－32）可变为如下形式：

$$\varepsilon_c = \varepsilon_{xa} \frac{1 - \psi_2 - \psi_3}{1 + \delta_1 + \delta_2 + \delta_3} \tag{8－33}$$

式中　$\delta_1$——排除冷凝热电耗所占的比率：

$$\delta_1 = \frac{\sum^{n_5} N_{HK} + \sum N_{BK}}{\sum^{n_1} N_{xai}}$$

$\delta_2$——一次系统水泵功率消耗所占的比率：

$$\delta_2 = \frac{\sum N_{HP}}{\sum^{n_1} N_{xai}}$$

$\delta_3$——二次系统水泵和风机电耗所占的比率：

$$\delta_3 = \frac{\sum N_{HB} + \sum N_{BB}}{\sum^{n_1} N_{xai}}$$

$\psi_2$——一次系统管道和水泵冷损占的比率：

$$\psi_2 = \frac{\sum Q_{TP} + \sum N_{gHP}}{\sum^{n_1} Q_{xai}}$$

$\psi_3$——二次系统管道和水泵冷损占的比率：

$$\psi_3 = \frac{\sum^{n_3} N_{gHS} + \sum Q_{TB}}{\sum^{n_1} N_{xai}}$$

$\sum^{n_5} N_{HK}$——冷却水泵电耗，kW；

$\sum N_{BK}$——水冷器或冷却塔风机电耗，kW；

$\sum N_{HP}$——一次系统冷水泵电耗，kW；

$\sum N_{HB}$——二次系统冷水泵电耗，kW；

$\sum N_{BB}$——空气冷却器局部通风机电耗，kW；

$\sum Q_{TP}$——一次载冷剂管道冷损，kW；

$\sum Q_{gHP}$——一次冷水泵冷损，kW；

$\sum Q_{TB}$——二次载冷剂管道冷损，kW；

$\sum^{n_3} N_{gHS}$——二次系统冷水泵冷损，kW。

4. 矿井空调系统总的供冷和排热效率

$$\eta_{cT} = \varepsilon_c / \varepsilon_{xa} \tag{8-34}$$

5. 矿井空调的经济效益

矿井空调的经济效益在于改善了矿内的气候条件，使矿工的劳动能力得以充分的发挥，从而提高了劳动生产率。

1）回采工作面空调的经济效益

以回采工作面气温26 ℃为标准，气温每上升1 ℃，劳动生产率约下降6%，则回采工作面空调的经济效益 $B_{HC}$（元）为

$$B_{HC} = \left[\frac{1}{1-(t-26)\times 0.06} - 1\right] A_y d_t \tag{8-35}$$

式中 $t$——回采工作面出口的实际风温，℃；

$A_y$——空调前工作面的年产量，t/a；

$d_t$——吨煤利润，元/t。

2）掘进工作面空调的经济效益 $B_{JJ}$（元）

$$B_{JJ} = \frac{21.9\times(t-26)}{1-(t-26)\times 0.06} \cdot n_d a_d \tag{8-36}$$

式中 $n_d$——空调前掘进工作面的定员数；

$a_d$——工人的平均日工资额，元/d。

3）矿井空调总的经济效益

矿井空调总的经济效益表示，由于空调提高劳动生产率而增加的经济收入扣去空调的经营管理费，可用下式表示：

$$B_{xy} = B_{HC} + B_{JJ} - Z_{nf} = \left[\frac{1}{1-0.06\times(t-26)} - 1\right](A_y d_t + 365an) - Z_{nf} \tag{8-37}$$

由于影响矿井生产效益的因素是很多的，式（8-31）~式（8-33）仅作为矿井空调经济分析之用。

4）矿井空调单位制冷量的经营管理费

$$a_K = Z_{nf} / \sum Q_{BO} \tau \tag{8-38}$$

式中 $\sum Q_{BO}$——空调系统中空气冷却器制冷量之和，kW；

$\tau$ ——空调系统的年运转时间，h。

## 二、计算实例

某地面集中矿井空调系统，制冷站制冷机组压缩机电机总功率为 2650 kW，排热系统中水泵电机总功率为 500 kW，冷却塔风机电机总功率为 200 kW，一次载冷剂系统水泵电机总功率为 630 kW，二次系统水泵总功率为 820 kW，空气冷却器配用压气风机，其总功率为 2000 kW，制冷站总制冷量为 7300 kW，一次系统冷损量为 670 kW，二次系统冷损量为 760 kW。试计算该系统各项经济指标。

制冷机的平均制冷系数：

$$\varepsilon_{xa} = 7300/2650 = 2.75$$

$$\delta_1 = 700/2650 = 0.264 \qquad \delta_2 = 630/2650 = 0.238 \qquad \delta_3 = (820 + 2000)/2650 = 1.06$$

$$\psi_2 = (670 + 630 \times 0.9)/7300 = 0.186 \qquad \psi_3 = (760 + 820 \times 0.9)/7300 = 0.204$$

空调系统制冷系数

$$\varepsilon_c = 2.75 \times \frac{1 - 0.186 - 0.204}{1 + 0.264 + 0.238 + 1.06} = 0.65$$

矿井空调系统排热和供冷的总功率：

$$\eta_{cT} = \varepsilon_c / \varepsilon_{xa} = 0.65/2.75 = 0.236$$

这个系数值之所以很小，是由于空气冷却器配用了风动局部通风机，因为压缩空气耗能量要比电动机耗能量大若干倍。当空气冷却器配用电动局部通风机时，电机总功率为 400 kW，则有：$\delta_3' = (820 + 400)/2650 = 0.46$；$\varepsilon_c' = 0.85$；$\eta_{cT}' = 0.309$，几乎增加了 31%。

利用制冷系数（$\varepsilon_c$）作为评价矿井空调系统优劣的指标还有若干缺点，因为 $\varepsilon_c$ 值不仅取决于矿井空调系统的状态，而且还取决于系统的工作条件、风流和载冷剂温度。这就很难比较在不同条件下工作的矿井空调系统的效率。

## 思 考 题

1. 矿井机械制冷降温系统设计依据及步骤是什么？
2. 矿井空气冷却装置的热计算步骤是什么？
3. 矿井空调水力系统设计的基本任务是什么？
4. 如何计算水泵扬程？
5. 矿井空调系统经济分析的基本指标有哪些？

# 参 考 文 献

[1] 杨德源，杨天鸿．矿井热环境及其控制［M］．北京：冶金工业出版社，2009.
[2] 严荣林，侯贤文．矿井空调技术［M］．北京：煤炭工业出版社，1994.
[3] 辛嵩．矿井热害防治［M］．北京：煤炭工业出版社，2011.
[4] A. H. 舍尔巴尼，等．矿井降温指南［M］．北京：煤炭工业出版社，1982.
[5] 国家煤矿安全监察局．煤矿安全规程［S］．北京：煤炭工业出版社，2016.
[6] 余恒昌．矿山地热与热害治理［M］．北京：煤炭工业出版社，1991.
[7] 卫修君，胡春胜．矿井降温理论与设计［M］．北京：煤炭工业出版社，2008.
[8] 罗海珠．矿井通风降温理论与实践［M］．沈阳：辽宁科学技术出版社，2008.
[9] 朱银昌，侯贤文．煤矿安全工程设计［M］．北京：煤炭工业出版社，1994.
[10] 黄元平．矿井通风［M］．北京：中国矿业大学出版社，2006.
[11] 徐勇．通风与空气调节工程［M］．北京：机械工业出版社，2005.
[12] 周觅，钱晓明，黄顺伟．冷却服发展进展［J］．进展与述评，2017（2）：1－5.
[13] 韩增旺，唐世君，赖军．国内外冷却服的发展现状及关键技术［J］．防护装备技术研究，2009，（4）：11－14.
[14] MT/T 1136—2011，矿井降温技术规范［S］.
[15] AQ/T 1067—2008，矿井风流热力状态预测方法［S］.

**图书在版编目（CIP）数据**

矿井降温与空气调节/赵丹主编. --北京：煤炭工业出版社，2018

普通高等教育“十三五”规划教材

ISBN 978-7-5020-5317-8

Ⅰ.①矿… Ⅱ.①赵… Ⅲ.①矿井—降温—研究 ②矿井空气—空气调节—研究 Ⅳ.①TD72

中国版本图书馆 CIP 数据核字（2017）第 316748 号

**矿井降温与空气调节**（普通高等教育“十三五”规划教材）

**主　　编**　赵　丹
**责任编辑**　闫　非　籍　磊
**责任校对**　孔青青
**封面设计**　北京地大天成印务　设计印前中心

**出版发行**　煤炭工业出版社（北京市朝阳区芍药居 35 号　100029）
**电　　话**　010-84657898（总编室）
　　　　　　010-64018321（发行部）　010-84657880（读者服务部）
**电子信箱**　cciph612@126.com
**网　　址**　www.cciph.com.cn
**印　　刷**　北京建宏印刷有限公司
**经　　销**　全国新华书店

**开　　本**　787mm×1092mm $^1/_{16}$　**印张**　$10^1/_4$　**字数**　239 千字
**版　　次**　2018 年 3 月第 1 版　2018 年 3 月第 1 次印刷
**社内编号**　8174　　　　**定价**　23.00 元